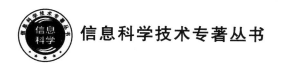

信息科学技术专著丛书

智能电子系统设计实例分析

张爱华　董　燕　编著

U0282518

北京邮电大学出版社
www.buptpress.com

内 容 简 介

本书涵盖电子技术、通信技术、自动控制技术等领域,通过对典型设计案例的方案分析与论证,设计原理的说明,软硬件系统的详细设计、调试实现以及设计结果的分析等,介绍了智能应用系统设计的基本步骤和方法,给出了典型案例的具体设计方案、设计电路和部分软件源程序。

本书可作为高等院校电子信息类专业本科生和研究生提高型实践教学、挑战杯、大学生电子设计竞赛赛前集训和学生课外科技活动的参考书籍,也可作为工程技术人员的参考用书。

图书在版编目(CIP)数据

智能电子系统设计实例分析 / 张爱华,董燕编著. -- 北京:北京邮电大学出版社,2021.8
ISBN 978-7-5635-6469-9

Ⅰ. ①智… Ⅱ. ①张… ②董… Ⅲ. ①智能系统－电子系统－系统设计 Ⅳ. ①TP18

中国版本图书馆 CIP 数据核字(2021)第 156920 号

策划编辑:刘纳新 姚 顺 责任编辑:满志文 封面设计:七星博纳

出版发行:北京邮电大学出版社

社 址:北京市海淀区西土城路 10 号

邮政编码:100876

发 行 部:电话:010-62282185 传真:010-62283578

E-mail:publish@bupt.edu.cn

经 销:各地新华书店

印 刷:唐山玺诚印务有限公司

开 本:787 mm×1 092 mm 1/16

印 张:9.25

字 数:197 千字

版 次:2021 年 8 月第 1 版

印 次:2021 年 8 月第 1 次印刷

ISBN 978-7-5635-6469-9 定价:42.00 元

前　言

　　本书涵盖电子技术、通信技术、自动控制技术等领域，通过对典型设计案例的方案分析与论证，设计原理的说明，软硬件系统的详细设计、调试实现以及设计结果的分析等，介绍了智能应用系统设计的基本步骤和方法，给出了典型案例的具体设计方案、设计电路和部分软件源程序。本书的理论知识由浅入深，比较适合初学者了解系统设计的思路和实现过程。

　　本书共分 8 个案例，案例一结合 ZigBee 技术与 GPRS 技术，从 ZigBee 家用智能开关系统的硬件设计和软件设计出发，详细地介绍了系统设计方案。家用智能开关系统以 TI 公司 CC2530 单片机为核心控制器件，建立家庭网关硬件平台，家庭网关采用 GPRS 技术将家庭 ZigBee 无线局域网连接到互联网。智能开关系统可以实时采集家庭环境中的温湿度、烟雾报警、光照以及家用电器等设备参数信息，通过 GPRS 网络将家庭内部的 ZigBee 无线局域网络数据同步到云平台，用户可以利用手机微信客户端或者 PC 客户端直接对家庭环境实时监测和控制。

　　案例二介绍了基于 STM32 的远程幅频特性测试仪，系统组成模块包括：主控模块、信号源模块、放大器模块、功率检波模块及无线传输。其中，主控模块采用 STM32F103ZET6 单片机，信号源模块主要由直接数字频率合成器 AD9854 组成。放大器模块由两级线性可调增益运放 AD8367 直接级联构成，该模块将信号源输出的小信号按预设增益进行无失真放大。有效值功率检波器 AD8361 检测放大器放大后的信号有效值，并由 A/D 转换模块将模拟量转换为数字量。利用 ESP8266 WiFi 模块将信号的幅度信息和频率信息上传至局域网，上位机通过接收无线数据并利用 MATLAB 完成幅频特性曲线的绘制与显示。

　　案例三阐述了 AR(Augmented Reality,增强现实)的基本概念、发展历史、主要应用及现状分析，分析了 AR 的关键技术及开发平台。探讨了单摄像头下增强现实的跟踪注册原理，研究分析了增强现实 ARToolkit 标记的设计和识别，设计了多个标记，验证了基于 ARToolkit 和 OpenGL 平台标记识别的有效性。

　　案例四介绍了基于 STM32 的实时语音传输系统的设计与实现。该系统具有有线和无线双模式，系统主要组成模块有主控模块、语音采集与播放模块、有线模块、无线模块，系统可实现数据的有线和无线传输，接收端对接收到的语音信号进行了解码播放。

案例五介绍了六自由度机器人运动控制系统的设计思路，采用 D-H（Denavit-Harten-berg）模型建立了机器人正逆运动学方程，应用分离变量法求解机器人的逆运动学解，并利用 MATLAB 对求解结果进行仿真以验证算法求解的正确性。分离变量求解法大幅降低了控制系统的运算量，使得系统可以采用低性能的廉价处理器进行实现。六自由度机器人运动控制系统主要由主控制模块和运动控制模块组成。主控制器完成机器人的运动学计算后，将数据发送给运动控制模块；运动模块通过脉冲驱动电动机使机器人完成点到点的运动。

案例六介绍了基于 ARM 单片机的多媒体音乐播放器的设计方案。系统以 ARM 系列 STM32F407ZGT6 为主控核心，通过 VS1003 音频解码模块、W25Q64 FLASH 芯片、SD 卡存储模块、AT24C02 EEPROM 芯片、按键、LCD 触摸显示模块等组成了多媒体音乐播放器的硬件系统。通过移植 FATFS 文件系统读取 SD 卡或者已经存放到 Flash 里的音频文件，由 VS1003B 解码输出到耳放。LCD 模块实时显示音乐信息，用户可以通过触摸屏幕控制播放器的工作模式包括：暂停、播放、音量调节、拖动、停止等功能。

案例七介绍了基于 DSP 和 FPGA 的实时视频处理平台的设计。本案例采用数字信号处理器（Digital Signal Processor，DSP）和现场可编程门阵列（Field Programmable Gate Array，FPGA）技术进行视频图像的采集与处理。本案例介绍了系统设计方案、软件设计思路，详细分析了采集显示模块、同步时序控制模块、驱动程序设计以及数据传输模块的设计过程。该平台具有 PAL/NTSC 两种制式的全分辨率彩色复合视频信号进行实时采集、显示和处理的能力。经验证，该平台已具备实时视频的采集处理与回放功能，可辅助应用于工业、远程视频教学等领域。

案例八介绍了基于 STM32 的单轴正交编码计数器的设计方案。通过对正交编码器输出信号处理与采集方法的分析，设计了正交编码的数据采集模块、串口通信等模块，数据采集模块。既可实现转动速度、位置等信息的转换，又能实现对正交编码器相关信息的数据采集。通信模块将正交编码器采集到的转动速度、位置等信息实时传输至上位机，以实现数据的进一步分析和应用。

本书由中原工学院的张爱华、董燕编著，其中，案例一由张爱华编写，案例二至案例八由董燕编写，全书由张爱华统稿。中原工学院毕业学生周永琦、周其玉、谭潇、陈文静、娄成龙、张宁波、韦永成、宋雪萍等同学对书中的案例进行了验证。本书的出版得到了中原工学院学术专著出版基金的资助。作者在此一并表示诚挚的感谢。

由于作者水平有限，书中难免有疏漏，恳请广大读者批评指正。

作　者

目　　录

案例一 基于 ZigBee 和 GPRS 技术的家用智能开关系统设计

1.1 智能家居概述

随着 5G 网络技术的普及、智能家居及物联网技术的发展,将推动家庭设备智能化、无线化的快速发展。作为物联网十大应用之一,智能家居系统飞速发展,与人们生活息息相关的智慧家庭逐渐变为现实。随着家庭住宅智能化需求的提高,传统住宅面临着巨大的挑战,同时,传统智能家居系统所采用的技术方式也逐渐无法满足人民的要求。传统的有线数据采集方式已经迫切需要一种更加便利、智能的方式来代替。随着智能化时代的到来,拥有一个智能化、现代化的家庭住宅环境已经不再是电影中的场景,智能化、信息化是这个时代发展的必然趋势。

住宅家居产品的智能化,最早是源自发达的欧洲、美国、日本等国家,20 世纪 80 年代初期,由于电子技术发展迅速,一些基于电子技术的智能住宅产品开始进入人们的生活之中,住宅楼宇的电子化开始出现。20 世纪 90 年代初期,随着计算机技术的发展进入一个崭新的阶段,智能社区开始出现,例如,基于计算机的智能安防监控系统。智能家居产品也在此阶段开始由港澳台等地区流行起来。到了 90 年代中期,总线技术的发展,使得人们开始利用计算机通信总线技术对家庭住宅环境中的各种家用电器,多个安防监控系统进行联合管理。智能家居管理系统应运而生,智能家居产品再次成为人们关注的焦点。90 年代末,互联网技术席卷大江南北,如火如荼,基于互联网技术的智能化社区、智能楼宇等逐步在市场上投入应用。同时,结合互联网技术设计的新型智能家居管理系统,进一步促进了人们家庭生活的智能化。生活的智能化成为时代发展的新趋势,越来越多的人开始憧憬拥有新的智能家庭生活。

传统的智能家居产品仍有不足之处。传统的智能家居产品通常采用有线连接设备技术,需要进行人工布线,不仅安装复杂麻烦,而且成本消耗太大。如果需要对智能家居产品进行二次拆装、修理,将要耗费更多的人力、物力和财力,用户体验较差,因此,人们对该类型的产品需求量并不大。随着电子、通信、互联网等相关理论与技术的发展,物联网技术也取得了前所未有的进展。依托移动互联网技术以及智能远程终端监控技术,智能家居产品的用户体验舒适度有了大幅度的提升,家居产品的智能化又重新回到了人们生活的视野中。

智能开关及智能家居的控制系统注重于家庭电器的互相连接和简单控制,不同于那些需要大量数据传输的音视频设备,它们需要传输的数据量较小,对数据传输的速率要求较低,所以并不需要高速率的通信接口。在现代化的智能家庭中,家电设备众多,每个家用电器对应一个终端节点和一个传感器节点,所以,技术上要求智能家居产品能够做到容纳较多的传感器节点,以保证网络的畅通,较好地实现实时的信息传输。智能化的家居产品还要尽最大可能降低用户操作安装的复杂度,并具有自动管理局域网的能力,即具有网络托管能力。

ZigBee 无线通信技术为家庭智能化设备提供一个统一平台,基于 ZigBee 无线局域网的新一代智能家居产品,结合了新的传感器技术和通用无线分组业务(General Packet Radio Service,GPRS)移动通信网络技术,让人们更加能够体会到智能家居给人们的生活带来的便利和舒适感。比如,通过手机微信客户端、计算机 Web 客户端来远程控制智能家庭中的各种电器设备,可利用各种生活场景使家庭智能设备系统进行自我调节控制。ZigBee 作为一种新兴的无线局域网络通信技术,具有极低的成本、极低的功耗,因此 ZigBee 通信技术在智能家居领域有着广泛的应用。

1.2　无线通信技术

目前,人们常用的无线通信技术主要有:红外通信、蓝牙、WiFi 和 ZigBee。蓝牙和 WiFi 因其不具备优良的自动组建网络特点,限制了它们在智能家居产品上的广泛应用。一台蓝牙设备最多能够与其他 8 台蓝牙设备进行无线数据的传输。商用的 WiFi 路由设备最多能和 20~30 个 WiFi 网络设备进行通信,家用 WiFi 路由设备最多能连接 10 个网络端口,太多的设备连接会造成网络拥堵,严重影响网速。假设要建立起一个具有 30 个节点端口的家庭智能化管理系统,需至少配备 3 个网段,带来的网络成本是比较昂贵的。然而,红外技术却由于其传输距离太短也不太适用于智能家居产品。

相比之下,ZigBee 网端的连接设备数足够多,可以达到 65 536 个,足以满足众多家用电器设备,ZigBee 组建的家庭局域网可以用多种微处理器控制,其扩展性能的优越性得以彻底展现。ZigBee 是一种能够自动组网,具备低功耗,且传输速率较低的无线通信技术,和其他无线通信技术相比较,使用 ZigBee 技术来设计智能家居产品是一个明智的选择。

由表 1-1 可知,蓝牙、WiFi 技术具有显著的大容量数据传输的特点,通常用于音视频文件的传输;红外技术通信距离较短、通信速率快且稳定,适用于近距离电器的直接控制,例如,家用电视机、空调等的遥控。ZigBee 技术,因其具有自组网和较高的连接设备数,更适合用在具有控制和监测功能的家庭局域网络中。可实现对家庭室内环境状况的监测、家庭电器开关的监测与控制等功能,因此,本案例选用 ZigBee 无线通信技术作为系统的组网方案。

表 1-1　几种主要通信技术的比较

规范	工作频率	传输速率	最大功耗	传输方式	连接设备数	支持组织	主要用途
ZigBee	868/915 MHz 2.4 GHz	0.02～0.04 0.25 Mbit/s	1～3 mW	点到多	65 536	ZigBee	家庭、控制、传感器网络
红外	820 nm	16 Mbit/s	5 mW	点到点	2	IrDA	近距离遥控
蓝牙	2.4 GHz	2 Mbit/s	1～100 mW	点到多	7	Bluetooth	个人网络
WiFi	2.4 GHz	100 Mbit/s	100 mW	点到多	1 024	WiFi 联盟	超市、物流管理

1. ZigBee 无线技术

ZigBee 是一种可以近距离无线通信的技术,它能够自动组网,且具备超低功率消耗,传输速率较其他技术低。ZigBee 网端的连接设备数可以达到 65 536 个,足以满足家庭众多电器设备。ZigBee 技术的主要优势为以下几个方面。

(1)功耗低。ZigBee 具有省电模式,两节 5 号干电池可以使 1 个节点工作 6 个月。

(2)成本低。ZigBee 制造商优化了协议栈,使其能够适应大多数的微型处理器。普通的 ZigBee 协调器节点,只需要拥有 32 KB 的存储空间,而 ZigBee 终端节点只需要 4 KB 的存储空间。

(3)延时短。ZigBee 只需要超过 10 ms 的时间,便可从睡眠状态恢复到正常工作运行状态,而 ZigBee 终端子节点只需几十毫秒即可加入 ZigBee 无线局域网,具有较短的时间延时。

(4)容量大。ZigBee 网端的连接设备可以达到 65 536 个,嵌入多种设备,可以极大限度地满足智能家居设备数量。

(5)安全性高。ZigBee 协议栈有三种安全加密方式确保 ZigBee 网络的通信安全:无安全设定方式、访问控制方式和 AES128 对称密码方式。

2. ZigBee 组网方式的选择

ZigBee 网络的三种网络架构:ZigBee 技术具备非常强大的组建网络的能力,依据实际需要,并结合这三种节点的各自特点,可以构建三种拓扑结构网络:星形(star)、树形(tree)和网状网络(mesh),根据实际不同情况的场景,用户可以选择更合适的网络结构。

(1)星形(star)网络的组成,包含一个协调器节点及多个终端节点(End Device)。协调器节点,便是星形网络的核心节点,所有加入到网络的终端节点都必须要通过协调器节点进行通信,其中协调器还承担路由功能。星形网络结构的优势是简单高效,一个协调器理论上可以加入 255 个节点,但容量较小,容错率低,若唯一一个协调器节点出现问题,则可能会导致整个 ZigBee 网络的直接"瘫痪"。

(2)树形(tree)网络,相比于星形网络,增加了 Router(路由)节点,是一个全功能节点,把终端节点传输来的信息转发到协调器节点上。终端节点信息经路由器节点转发,最终都传输到协调器。树形网络和星形网络一样,各终端节点之间不能直接进行通信,如果终端节点之间需要进行通信,End Device 会将数据帧发送给自身的父节点,由父节点查询自身路由表,继续向上一级路由发送,直到协调器,协调器会向下一级路由节点发送数据帧,最终找到相应的目的设备。

(3)网状网络(mesh)的组成最复杂多样,正因此特点网络也最稳定。其组成包括一个协调器节点、一系列路由器节点和终端节点。网状网络的特点是网络节点容量非常大,结构比较复杂且性能稳定,容错率高。路由转发功能是每一个终端节点都具有的,每一个节点的数据都可以由多条传输路径到达关键节点。这种网络就要有一个优化的路径算法,来达到最优的转发路径。因为网状网络具有多种通信链路,节点可以任选一条线路进行通信,如果其中有一个或多个节点出现故障或者网络中断,数据会选择其他的线路进行传送,可以说是容错率高,这就是网状网络最大的优点。

本系统结合具体的实际情况,采用了星形网络来构建智能家庭远程网络监控系统。因为网络拓扑结构越是复杂,其成本也就越高,考虑到智能家居设备的数据量不大,以及网络拓展的情况和网络覆盖范围情况下,尽量降低成本。智能家居系统节点数目一般不多,星形网络至多可达二百多个节点,已足够家居的使用。其用来覆盖的家庭室内范围不大(最远直线距离一般小于 20 m),主要用于监控家中环境信息以及控制灯光及家电的开关等,节点数目一般有几十个,且传感器节点的数据传输量较小,已足够使用。根据本系统需要,主要实现网络的建立、信息的传输和家居开关的控制,因此,本案例选用星形网络拓扑结构搭建一个简单高效的系统即可。星形网络架构如图 1-1所示。

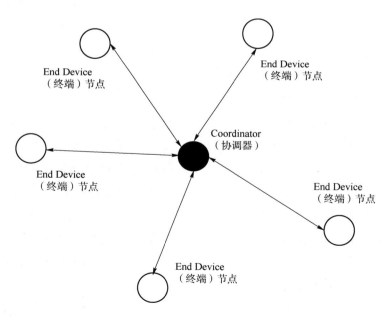

图 1-1　ZigBee 星形网络架构

3. GPRS 无线技术

GPRS(General Packet Radio Service)是移动电话用户使用的移动数据通信业务,是在全球移动通信系统(Global System for Mobile Communications,GSM)通信技术基础上发展起来的。与传统的连续信道传输技术不同,GPRS 是基于数据的传输方式,所以成本计算的依据是传输数据的大小,理论上更便宜。

用户可以通过 GPRS 模块访问移动网络,按照 GPRS 通信协议的内容向 GPRS 发送控制命令,控制命令称为 AT 指令:该指令以 AT 字符串作为开头,回车字符串作为结尾。用户可以通过 AT 命令拨打电话和数据传输服务。互联网端收到 AT 指令后会根据指令的执行成功与否返回一个状态信息。当 GPRS 检测到外部发来的拨号信息,也会通过串口返回相应的提示信息以便接收端做出处理。

GSM/GPRS 模块内嵌了 GPRS 协议,可以实现语音对讲、发送短信息、高速数据传输。SIM800A 内部集成标准的 TCP/IP 协议,具有丰富的接口,性能稳定,功耗低,具有强大的抗电磁干扰能力,易安装并且安装面积小,广泛用于智能家居产品、智能远程采集系统和远程监控系统等,可实现语音、短信、GPRS 数据服务等功能。

1.3　智能开关系统设计方案

智能开关系统主要包含三个部分:互联网用户管理系统、ZigBee 家庭无线局域网络系统和数据采集系统,系统框图如图 1-2 所示,用户可以通过手机微信端或计算机客户端远程登录互联网用户服务系统,在用户管理系统中可以看到家用电器设备数据,这些数据是经由 ZigBee 家庭无线局域网络系统上传的。另外,用户可以通过管理系统中的控制器列表进行反向控制家庭电器设备。数据采集系统用于采集家用电器设备信息,同时,还可执行来自用户管理系统的控制命令。设备信息由设备所在的相应终端节点传输到 ZigBee 家庭无线局域网络中。

ZigBee 家庭无线局域网主要包括:ZigBee 家庭网关、ZigBee 协调器模块(协调器)、ZigBee 终端节点模块和 GPRS 模块。ZigBee 协调器模块作为 ZigBee 网络的父节点,负责采集终端子节点数据、建立一个安全的家庭局域网络、解析终端节点数据并下达来自管理系统的控制命令。ZigBee 终端节点模块作为 ZigBee 家庭局域网络的子节点,负责采集家庭环境中的温湿度信息,并执行用户管理系统的控制命令。ZigBee 家庭网关是 ZigBee 家庭无线局域网络的重要组成部分,被视为是整个 ZigBee 家庭局域网络协议的传输枢纽,主要用于解析协调器采集的终端节点的数据信息,并根据云服务器的数据帧格式进行打包。GPRS 模块将打包的数据上传云平台,GPRS 模块将家庭网关解析的数据封装成数据帧上传云端,同时也要接收云端发来的控制命令。用户利用诸如手机或计算机等智能终端,通过 App 即可实现对终端节点所关联的家庭电器进行监测和控制。

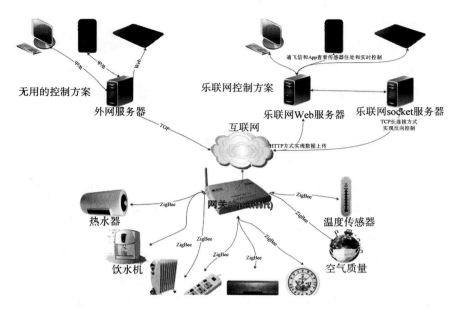

图 1-2　智能开关系统框图

1. ZigBee 网关系统设计方案

本案例中网关系统的核心控制芯片采用 TI 公司的 CC2530 单片机,该芯片中集成了 8051 CPU。ZigBee 协议栈通信标准的建立,开放了许多 API 接口,方便用户直接调用,因此,直接推动了 ZigBee 在智能家居行业的广泛应用。网关系统框图如图 1-3 所示。

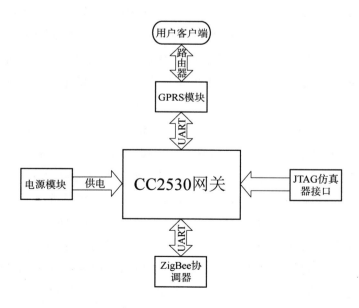

图 1-3　网关系统框图

ZigBee 家庭网关作为整个 ZigBee 家庭局域网络协议的重要枢纽,主要用于解析协调器采集终端节点的数据信息,根据云服务器的数据帧格式,GPRS 模块将数据包上传至云平台。ZigBee 系统中的协调器模块作为 ZigBee 网络的父节点,负责收集终端子节点数据,建立一个安全的家庭局域网络、解析终端节点数据并下达来自管理系统的控制命令。ZigBee协调器将终端节点模块采集到的传感器信息通过串口送至网关模块,网关模块将数据打包成数据帧,通过 GPRS 模块登录乐联网 Web 服务器,将数据送至互联网客户端;网关模块同时接收来自互联网用户客户端的命令,并通过协调器转发给终端节点。

2. ZigBee 节点系统设计方案

ZigBee 节点系统包括:ZigBee 家庭无线局域网中的协调器模块和两个终端节点。协调器模块和终端节点模块组成一套稳定的通信网络,将家庭局域网中关联的电器设备连接起来,便于数据的传输和共享。

ZigBee 协调器模块作为 ZigBee 网络的父节点,负责采集终端子节点数据,并建立一个安全的家庭局域网络、解析终端节点数据并下达来自管理系统的控制命令。ZigBee 模块中终端节点为 ZigBee 家庭局域网络的子节点,负责收集家庭环境中的温湿度信息,执行来自用户管理系统的控制命令。终端节点实现了通过传感器模块对家庭环境信息采集并发送给 ZigBee 协调器的功能,同时接收协调器发送的控制命令并做相应处理,即实现数据的双向处理。子节点传感器采集系统用于采集家庭环境中的环境信息和电器信息。子节点系统框图如图 1-4 所示。

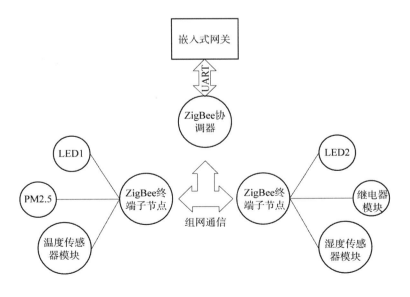

图 1-4　子节点系统框图

1.4　硬件电路系统设计

本案例的家居智能开关控制系统,是对嵌入式技术、传感器技术、ZigBee 技术及 GPRS 技术融合应用的结果。

1.4.1　硬件系统设计原理及功能

智能家居远程控制系统主要由 GPRS 模块、ZigBee 无线网络、嵌入式网关以及手机或计算机远程终端几部分组成,ZigBee 无线网络则由协调器节点和终端节点模块组成。网络控制分为远程控制和家庭控制两部分,分别对应 Internet 和 ZigBee 无线通信网络,系统总体结构框图如图 1-5 所示。嵌入式网关是智能家居控制系统的核心部分,主要完成信息的交换,家庭网关模块包括 STM32 主控器模块和 GPRS/GSM 模块、传感器节点之间的核心信息共享以及无线通信网络之间的互联网交换。

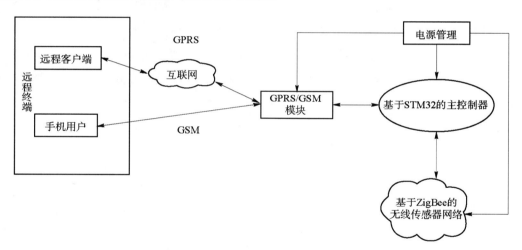

图 1-5　系统总体结构框图

通过 GPRS 与互联网的结合,家居用户可以通过上位机或者手机等方式,实现对家用电器的远程控制。单片机上电初始化后,自动发送一系列 AT 指令控制 GPRS 模块,建立 TCP 客户端连接,建立连接后,当 STM32 主控制器接收用户发来的指令后,通过串口的形式把要操作的节点和命令发送给协调器节点,然后判断远程客户端是切换节点,还是操作当前节点,再转换成命令消息,并转发相应的消息到对应的终端节点,终端节点接收消息并进行解析,如果是控制命令,则节点进行相应的响应,响应完成后返回执行成功指令进行反馈,从而让家居用户可以随时获取家居情况并控制家居相应设备的状态,比如简单的 LED 灯开关控制。

利用 ZigBee 技术对家庭设备进行组网,并对各节点数据进行采集分析,然后,将采集分析后的节点数据通过 STM32 主控制器与 GPRS 模块不间断地传输给远程的检测终端。本系统使用 DHT11 温湿度传感器模块连接到终端节点来实现对温湿度的监测。

1.4.2　网关模块硬件电路设计

CC2530 核心系统模块:网关硬件电路是由 TI 公司的 CC2530 单片机作为核心器件构成的一个小型嵌入式系统,CC2530 无线网络模块的组成结构框图如图 1-6 所示。

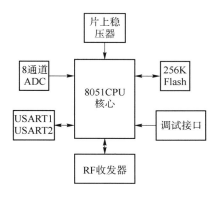

图 1-6　CC2530 无线网络模块的组成结构框图

CC2530 单片机的出现为 ZigBee 智能家居产品提供了强大的解决方案。基于 CC2530 的设备可以低成本形成稳定的无线网络节点。CC2530 集成了 8051 CPU、内置性能强悍的射频收发模块,拥有 8 KB 的 RAM 存储空间,及其他强大的外设功能。同时 CC2530 不仅具有低功耗模式,而且在发送、接收时也能产生极低的电流消耗,成为低功耗系统中的首选。另外,ZigBee 协议栈通信标准的建立,开放了许多 API 接口,方便了用户的直接调用,因此推动了 ZigBee 在智能家居行业的广泛应用。网关系统核心模块电路如图 1-7 所示。

GPRS 移动通信模块:选择 SIM800A 作为 GPRS 通信模块的优势是,控制方式简单、抗干扰能力较强。SIM800A 的接口非常丰富,可以满足智能家居系统设计要求的用户控制模块和外围接口。SIM800A 内部嵌有 TCP/IP 协议,数据传输非常方便,低功耗,在 SLEEP 模式下的最小电流消耗仅为 1 mA。通信接口包括:RS232 串口/TTL 串口,支持调试接口。

本案例选用 GPRS(SIM800A)可以方便快捷地使家庭局域网络接入互联网,SIM800A 上电后会自动搜寻附近的 GPRS 移动网络,通过输入入网指令(AT 指令)登录乐联网云平台服务器并建立数据传输通道,等待接收和发送远端云平台服务器控制中心的数据。ZigBee 家庭网关通过 UART 串口与 SIM800A 进行数据传输通信,通过 AT 指令控制 SIM800A 和云平台进行数据传输。SIM800A 芯片及外围电路原理图如图 1-8 所示。

UART 串口通信模块:UART 串口通信主要采用 CH340G 转接芯片,CH340 是一个常用的将 USB 转为串口进行通信的芯片,直接输出 TTL 电平送给单片机引脚。串口通信模块在设计中有两个功能:①ZigBee 家庭网关模块和 PC 上位机进行通信:ZigBee 网关将采

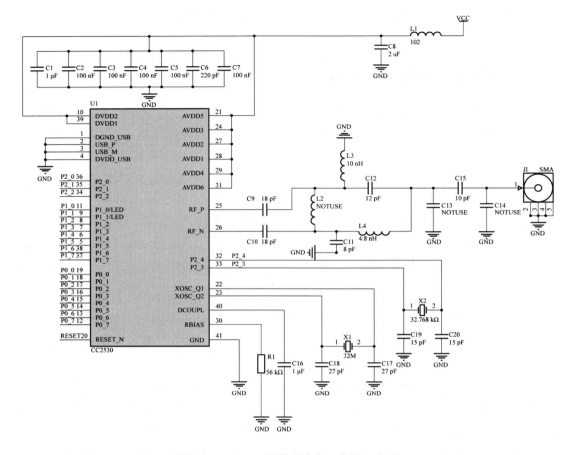

图 1-7　CC2530 网关系统核心模块电路图

集到的数据通过 GPRS 的数据传输实时显示到计算机客户端(乐联网)用来监测程序是否发生异常。②ZigBee 协调器模块和 GPRS 移动通信模块之间的数据传输服务:ZigBee 协调器和 GPRS 之间的通信就是基于 UART 串行协议,比特率为 115 200 kbit/s,ZigBee 协调器首先无线采集终端节点的传感器数据,然后通过串口传输到 GPRS 模块,再上传到云平台。图 1-9 主要为 CH340G 转接芯片的电路图。

　　JTAG 仿真接口:ZigBee 网关电路预留一个 JTAG 仿真接口,在调试和下载程序时主要使用的是此接口。JTAG 仿真接口的设计极大地方便了对 ZigBee 网关程序的下载和调试,如在实际应用中遇到问题也便于将修复的程序下载进去从而使网关正常运行。JTAG 仿真接口电路如图 1-10 所示。

　　电源供电模块:整个系统使用两套方案供电:①直流电源供电;②3.7 V 电池供电。由于本系统所用单片机 CC2530 具有极低功耗,而且系统设计的有睡眠模式,在不需要采集数据的时候系统自动进入休眠模式,所以可以采用电池供电,实测一节干电池可以用三个月之久。两套供电方案采用一套电路设计,即采用稳压芯片 AMS1117-3.3 将电源电压调节到 3.3 V,用于为主控单片机芯片供电。电源供电模块电路图如图 1-11 所示。

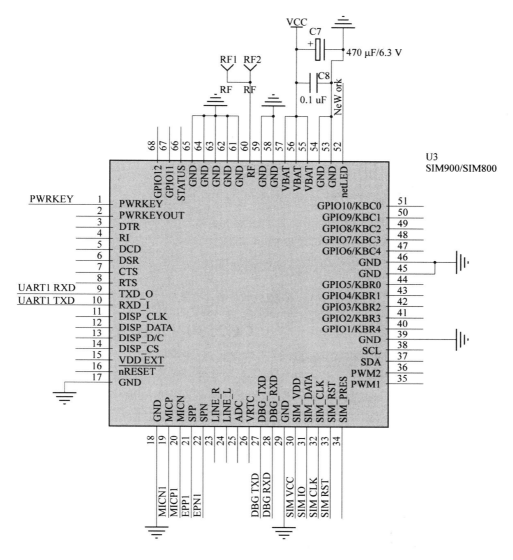

图 1-8　GPRS 芯片及外围电路原理图

1.4.3　节点模块电路设计

1. ZigBee 终端节点模块

ZigBee 模块的终端节点（End Device）作为 ZigBee 家庭局域网络的子节点，主要用于采集家庭环境中的电器设备信息并接收 ZigBee 协调器指令进而对底层家用电器设备进行反向控制。终端节点部分实现了对家庭环境中温度和湿度等信息的数据采集，并将采集到的数据打包发给 ZigBee 协调器终端，同时接收协调器发来的数据并对终端传感器模块进行控制处理，这种方式采用了新型通信协议实现了对数据的双向处理。具体电路与 1.4.2 节所述 CC2530 系统模块电路类似。

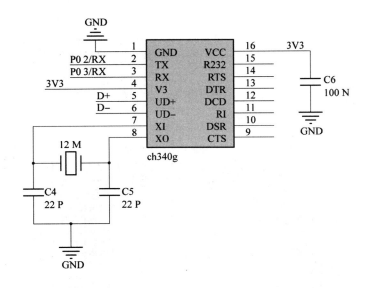

图 1-9 CH340G 转接芯片电路图

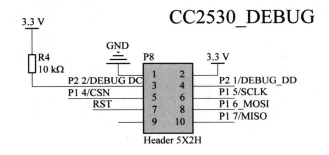

图 1-10 JTAG 仿真接口电路图

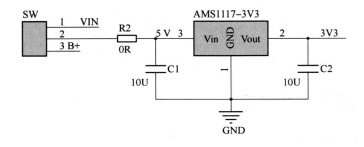

图 1-11 电源供电模块电路图

1）温湿度检测模块

采用 DHT11 温湿度传感器测量家庭环境中的温湿度信息。DHT11 温湿度传感器接口比较简单，方便和单片机进行直接连接，DHT11 因其具有较多优点所以常用来测量温度和湿度，可以安装在家庭中的任何一个小角落里。DHT11 数字温湿度传感器一共有三个引脚：VDD 为电源引脚需使用 3.5～5.5 V 直流电压进行供电；DATA 引脚为传感器的数据传输总线,数据传输方式为串行传输,GND 引脚为电源负极。DHT11 采集到的数据要按标准数据帧格式进行处理。图 1-12 为 DHT11 的温湿度检测电路。

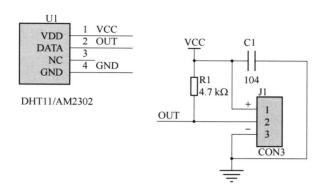

图 1-12　DHT11 的温湿度检测电路

2）光敏传感器模块

系统采集家庭环境中的光照信息利用的是光敏传感器模块,如图 1-13 所示,其中,光敏电阻的型号为 5506。光敏传感器模块是利用光敏电阻将它接收到的光照信号按照一定的方式转换为所需要的电信号的传感器,光敏电阻所感知的波长为可见光波长,因此常用来进行光照强度的监测。光敏电阻是一种特殊的可调电阻器,在有强光照射时,其本身在电路中所表现的阻值特别小;在没有光源照射时,阻值很大;当停止对光敏电阻进行照射时,光敏电阻阻值又恢复原来的数值。感光电阻元件根据其接收到的光线强度,然后改变其自身的电阻大小。感光电阻具有非常好的感光灵敏度,体积小,性能稳定,因此广泛应用于各个领域。

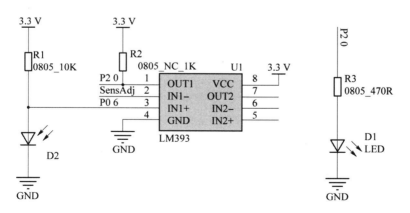

图 1-13　光敏传感器模块电路图

3）烟雾检测报警模块

智能开关系统通过烟雾探测模块 MQ-2 实时监测室内烟雾情况。这款烟雾传感器模块具有如下特点:该传感器模块对常见的室内烟雾气体具有良好的灵敏度;MQ-2 采集的数据可以选择进行模拟量输出或者直接 TTL 电平输出送给数字处理器,其中模拟量输出的直流电压范围为 0～5 V,输出电压的大小根据室内监测到的烟雾浓度而改变。这款烟雾传感器模块接口简单易操作易安装,可直接连接单片机 I/O 数据口;价格低廉,市场应用广泛。因此,使用 MQ-2 烟雾传感器模块监测家庭内部的烟雾浓度是一个不错的选择。MQ-2 烟雾检测模块电路图如图 1-14 所示。

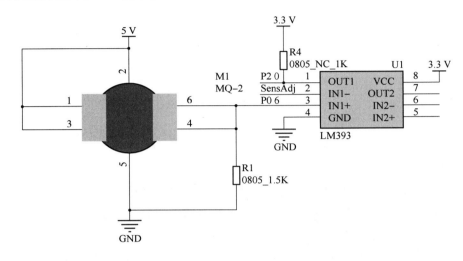

图 1-14　MQ-2 烟雾检测模块电路图

4）继电器控制模块

继电器模块用来远程控制家庭电器的开关,利用单片机的 3.3 V 信号控制家庭电器的 220 V 信号。系统中使用的继电器是常见的固态继电器。固态继电器的结构主要包括三部分:输入电路匹配部分、光耦隔离部分和输出电路隔离部分。其中,输入电路的作用是实现电压的匹配,例如继电器在单片机中一般需要匹配 TTL 电平。输入电路的另一个作用是进行过流保护,也就是限制前级电路对继电器的输入电流。光电耦合器件,将输入电压和输出电压分开,防止继电器输出端的高电压对继电器输入端低电压电路造成影响,以防损坏单片机芯片。输出电路主要是一个大电流大电压的功率管,具有放大电路、稳定电路的作用,输出控制可接常见的家用电器负载,继电器的输出端口采用大电流接线端子,方便接线和安装。继电器模块电路如图 1-15 所示。

1.5　系统软件设计

1.5.1　网关主程序设计

ZigBee 家庭网关是整个 ZigBee 网络运营的核心,主要负责 ZigBee 整个网络的建立、子节点成员的加入和子节点成员短地址的分配、网络邻接表的更新、数据包的转发等。另外,

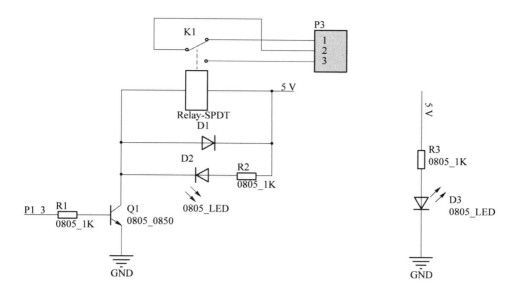

图 1-15　继电器模块电路图

数据传输服务也通过串口和 GPRS 网络通信模块进行。ZigBee 家庭网关主程序在工作的过程中调用了许多函数库接口,主要用于完成建立 ZigBee 网络、转发数据和指令、向服务器传输数据等。

网关主程序设计的流程为:ZigBee 网关系统上电,协议栈和外设开始进行初始化,初始化完成,ZigBee 开始组建 ZigBee 家庭无线局域网络,组网完成后网关开始查询消息队列等待消息的到来,消息主要分为三种:①终端节点发送给协调器的传感器数据;②协调器发送给终端的服务器数据;③终端节点发送给协调器的短地址。若有消息进来判断是否为串口消息,若为串口消息,说明这是用户客户端有命令传来,之后解析命令给相关节点发送命令;如果是节点信息,则节点信息被发送到服务器。网关程序流程图如图 1-16所示。

1. 协议栈初始化及组网程序设计

ZigBee 的组网发送与接收过程都是建立在其独有的协议栈中,实现家庭局域网络的建立和子节点的加入、数据的无线发送与接收。ZigBee 协议栈集成了诸多协议,开发人员将这些层的协议都封装在一起,对外以函数的形式表现,并提供可调用的 API 接口,方便用户使用。往不同的单片机移植协议栈时主要修改的是物理层和控制层中的内容,这两层与我们所使用的硬件平台联系比较紧密,所以要根据所使用的硬件平台做出相应的修改。ZigBee 的协议栈初始化及组网程序是在 SampleApp_Init();函数中完成的,该函数的主要功能是完成对广播方式和其相应的广播地址的设置,实现家庭局域网络的建立并为每个任务注册任务 ID 号,这对提高整个协议的效率有很大的帮助。同时,初始化函数还实现对各种驱动程序的初始化,比如串口通信模块的初始化。整个智能家居系统的设计都是建立在

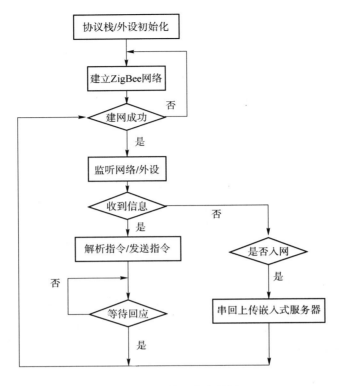

图 1-16　网关程序流程图

应用层的设计,其他层按照 ZigBee 协议栈默认的协议即可实现系统设计。协议栈初始化程序设计如图 1-17 所示。

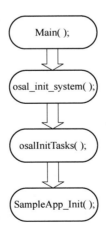

图 1-17　协议栈初始化程序设计

2. 事件任务处理程序设计

ZigBee 网关系统在协议栈初始化及组网完成后就开始进入正常的网关系统运行中。在这个过程中主要包括:事件任务轮询(这里的事件任务主要为数据的发送与接收)、数据的周期性发送、接收及处理。协调器与终端节点之间的数据传输有专门的事件任务处理函数 SampleApp_ProcessEvent()；这个事件任务处理函数每隔一段定时时间，整个系统会触发一次发送终端节点数据包和协调器数据包，以便能及时处理这些实时数据。事件任务处理程序设计如图 1-18 所示。

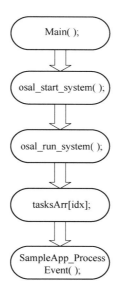

图 1-18　事件任务处理程序设计

3. 数据解析模块程序设计

ZigBee 网关系统接收到终端传感器数据信息后送入数据处理解析模块中。数据解析模块是来解析协调器与终端子节点之间传输的数据包，将数据信息分类送给单片机以便后续进行处理。在解析模块事件处理函数中一共处理三种数据信息：①终端节点发送给协调器的传感器模块数据；②协调器发送给终端节点的服务器数据；③终端发送给协调器的短地址。事件任务处理程序设计如图 1-19 所示。

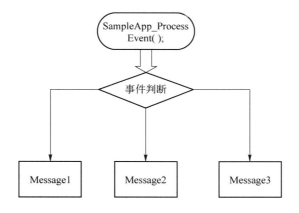

图 1-19　事件任务处理程序设计

1.5.2　ZigBee 子节点程序设计

ZigBee 网关系统中的路由节点是整个 ZigBee 无线局域网络中存在最多的一类节点，其主要功能是接收协调器的数据信息并执行相关指令来控制家庭中的电气设备。同时也转发其他节点发来的数据信息，通过增加网络内的路由通道来提高效率，而且它还能够采集家庭环境内的其他信息，可以起到有效的监测作用。

子节点程序设计的流程为：系统上电、协议栈和外设开始初始化，初始化完成 ZigBee 进行组网，组网完成后网关开始查询消息队列，若有消息进来判断是否为协调器消息，若为协调器消息则回应协调器的响应并执行相关控制命令操作；如果是另一个子节点消息，则将此消息转发给协调器并等待协调器的响应。子节点程序设计如图 1-20 所示。子节点程序中事件任务处理程序和数据解析模块程序与网关系统中的类似，在此不再过多叙述。

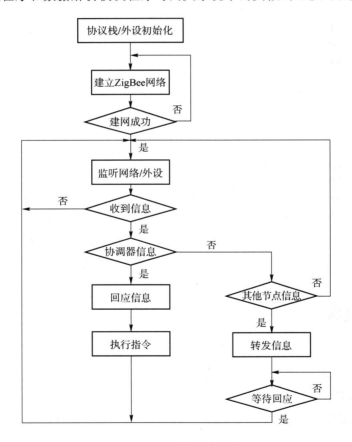

图 1-20　子节点程序设计

1.5.3　GPRS 程序设计

GPRS 移动通信模块和单片机的通信方式选择了 UART 串口，具体比特率为 115 200 kbit/s。

单片机通过向 GPRS 模块发送 AT 指令来进行数据传输操作。GPRS 通过 TCP 协议接入乐联网云服务器流程如下:GPRS 先查询其周围的移动网络,并使 GPRS 附着在移动网络上,成功返回 OK;启动 GPRS 移动数据连接业务,为数据传输做好准备;GPRS 数据业务开始后就可以登录互联网进行上传和下载数据了,之后用户输入乐联网账号密码登录乐联网,乐联网登录成功返回成功值 ture;上传的数据包需要按照乐联网的数据格式,不然乐联网无法识别。在本程序中只涉及数据的传输,不包含打电话发送短消息等业务。GPRS 程序设计如图 1-21 所示。

```
AT+CREG?            //查询网络注册信息
+CREG: 1
OK
AT+CGATT?           //查看是否附着GPRS业务
+CGATT: 1           //0-分离 1-附着
OK
AT+CSTT="CMNET"     //启动任务并设置接入点APN、用户名、密码
OK
AT+CIICR            //激活移动场景, 发起GPRS或CSD无线连接
OK                  //此处需要等待返回OK后才能进行TCP连接
AT+CIFSR            //获取本地IP地址
10.67.146.143
AT+CIPSTART="TCP","tcp.lewei50.com",9960  //建立TCP连接, 登录乐联网
OK
Call Ready.
CONNECT             //服务器连接成功
AT+CIPSEND          //发送数据
>ABCD               //填入需要发送的数据
SEND   OK           //发送成功
```

图 1-21　GPRS 程序设计

1.5.4　手机客户端控制平台设计

为了方便远程监测 ZigBee 网关系统并获取家庭环境中的温湿度信息,进而设计了远程客户端控制平台,用户可以在手机客户端的用户管理系统登录界面输入 ZigBee 家庭网关的用户 ID 和密钥,若用户 ID 和密钥输入正确便可顺利登录用户管理系统。登录成功后,用户可以根据自身的需要选择并选择相应的控制命令,对家庭的设备进行远程监测和控制。其基本架构如图 1-22 所示。

为使远程操作平台更加稳定和方便操作,本书摒弃了自主设计远程操作平台,而是选择了一款系统稳定且符合本套智能开关系统的远程管理服务平台——乐为物联开放云平台。乐为物联网提供了一个可以快速让物联网产品得到应用的平台,具有丰富的 API 接口,按照乐联网提供的接入协议简单操作,就可以将物联网测量设备或众多传感器接入到

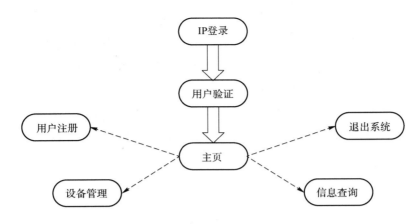

图 1-22　安卓客户端基本构架

乐为物联开放平台,实现数据在该平台上的存储和查询,乐为物联开放平台还能智能分析传感器所采集数据的变化趋势。用户使用个人账号登录乐为物联开放平台管理系统,即可进入乐为物联智能家居管理系统,如图 1-23 所示。在管理系统中,用户可以根据乐为物联智能家居管理系统页面显示的内容和自身的需求,进行相关的操作,主要包括远程查看家庭环境信息,远程控制、查询家庭设备开关状况等。如果想控制其中的某个家庭设备,可以单击控制器列表进入到该设备控制界面。安卓系统手机客户端管理系统软硬件测试环境如图 1-24 所示。

图 1-23　乐为物联智能家居管理系统

1.6　系统测试平台与测试环境

　　系统测试是整个项目开发的最后一步,也是关键环节。该环节是对整个系统可靠性、稳定性的验证,系统研发的成功与否也在这个环节中凸显。同时,验证的结果也为未来系统的进一步优化提供强有力的支撑。系统调试工作分为硬件调试和软硬联调测试,系统硬件调试确保各个模块硬件电路正常稳定地运行,软硬联调测试是将程序下载到硬件平台当中测试整套系统的运行情况。

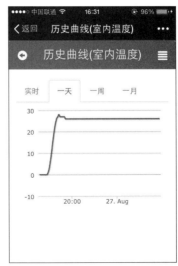

图 1-24　安卓系统手机客户端管理系统软硬件测试环境

系统硬件测试平台主要包括：计算机、CC2530 芯片仿真器和下载器、通用万用表、通用稳压电源以及示波器。主要是测试硬件电路的输入输出信号是否正常。

系统软件测试平台主要包括：串口调试助手、乐为物联开放平台、乐为物联手机微信公众号。主要是测试系统运行当中传输的数据和指令是否正常。

图 1-25 为网关系统的硬件连接实物图，网关系统主要由协调器节点和 GPRS 模块组成。经测试，协调器与 GPRS 模块连接线路正常。

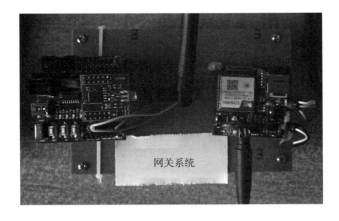

图 1-25　网关系统硬件连接实物图

图 1-26 为终端节点的硬件连接实物图，终端节点主要由 ZigBee 终端节点和温湿度传感器等模块组成。经测试，终端模块与传感器模块连接正常。

图 1-26　终端节点硬件连接实物图

1. 串口调试助手测试

PC 客户端串口调试助手主要用来监测和调试程序运行当中出现的异常情况。图 1-27 显示了 PC 客户端串行调试助手的结果。ZigBee 网关系统通过 GPRS 移动数据传输模块发送 AT 命令，使网关系统成功登录乐联网服务器（tcp. lewei50. com），各项指令返回的数据显示正常无乱码，返回 OK。图中所示 AT＋CIPSEND 指令发送的第一组数据包成功，数据包含了第一组传感器采集的数据，互联网返回数据 SEND OK 表示成功接收到数据。

XCOM V2.0

```
OK
AT+CGATT?
+CGATT: 1

OK
AT+CSTT="CMNET"
OK
AT+CIICR
OK
AT+CIFSR
10.86.91.64
AT+CIPSTART="TCP","tcp.lewei50.com",9960
OK

Call Ready

CONNECT OK
AT+CIPSEND
> {"method": "update","gatewayNo": "01","userkey": "c2604055ab78491e85c04e700cb37b58"}
&^!

SMS Ready
{"method": "upload","data":[{"Name":"02","Value":"00"},{"Name":"03","Value":"00"},
{"Name":"04","Value":"01"}]}&^!
□
         AT+CGATT?
+CGATT: 1

OK

SEND OK
{"f":"message","p1":"ok"}&^!{"f":"message","p1":"ok"}&^!
```

图 1-27　PC 客户端串行调试助手的结果

2．PC 客户端测试

乐联网平台接收到 ZigBee 网关系统的传感器数据后会在管理系统界面显示出来，图 1-28 所示为乐联网采集的传感器数据。在乐联网用户平台上可以看到实验室室内温度为 23℃，湿度为 32，无烟雾报警，有光源照射，空调系统和照明系统都处于关闭状态，整个传感器网络最后更新的时间为 2018 年 4 月 22 号。所有数据显示正常无乱码出现。

标识	设备	名称	最新数值	最后更新	类型
02	607实验室检测	烟雾报警	0	2018-04-22 16：09	其他类型
03	607实验室检测	空调系统	0	2018-04-22 16：09	温度监控
04	607实验室检测	光照监测	1	2018-04-22 16：09	其他类型
05	607实验室检测	室内温度	23℃	2018-04-22 16：08	温度监控
06	607实验室检测	室内湿度	33%	2018-04-22 16：08	湿度监控
07	607实验室检测	照明控制	0	2018-04-22 16：08	继电器

[总记录：6 总页数：1]

图 1-28　乐联网采集的传感器数据

乐联网平台采集的实验室室内温度变化走势图如图 1-29 所示。在图中显示了 4 月 21 日和 4 月 22 日温度变化走势，4 月 21 日天气有雨温度湿热，检测的气温比较高。4 月 22 日天气转凉，气温明显下降，符合实际情况，数据监测正常。测试结果表明本套系统运行正常。

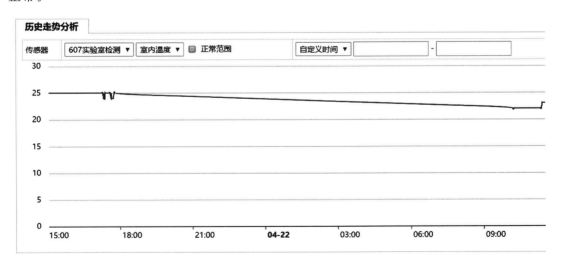

图 1-29　乐联网采集的实验室室内温度变化走势图

案例二 远程幅频特性测试仪

2.1 引 言

电路测量中经常遇到对未知电路系统传输特性的测量,特别是对电路幅频特性曲线的测量。正常情况下,电路系统的幅频特性曲线就能说明其电路性能,如系统通频带、阻尼率等。传统模拟幅频特性测试仪的扫频输出通常是由电感和电容构成的 LC 振荡电路,结构较为复杂、功能单一、体积较大且不便与其他设备相连接,在实际应用中有局限性。

传统的幅频特性测试仪开发成本昂贵,维护费用高、技术更新时间长、系统固定且封闭,不易与其他电路系统连接,在实际应用中受到了很大的限制。为了发挥虚拟仪器技术在测试与测量仪器设计中的灵活性、直观性、通用性特点,本案例给出了基于 STM32 的远程幅频特性测试仪设计过程。该新型仪器将充分利用计算机软、硬件资源,具有强大的处理性能,幅频特性曲线能够清晰、准确地显示,系统方便操作且有较好的实时性等优点,能够更好地满足工业设计和科学研究的需要。

通信设备的测试与检修,传统的方式是采用返厂或者本地检修,在效率、经费、时间、业务力量等方面存在很多弊病,已逐渐不能满足社会需求。随着互联网技术的迅猛发展,通过互联网络,将本地待处理设备的检测结果上传至设备维修端,由专家进行诊疗,充分发挥网络的优势,能极大地减小维修代价,提高设备维修的效率,缩短维修周期,是对常规方式的一种挑战。本案例所讨论的远程分析仪就是为了解决该问题。

国内主要的幅频特性测试仪厂商有:宁波中测电子、南京盛普仪器、成都天大仪器、苏州同创电子、徐州隆宇电子仪器等厂家,这些厂家主要生产低、中、高三个频段的扫频仪。国内通用扫频仪的频率范围一般在低频:20 Hz~2 MHz;中频范围:0.1 MHz~50 MHz;高频范围:1 MHz~2 GHz。此外,还有可以调频和调幅的专用扫频仪。国内成功研制的AV3615、AV3623 分体式频率特性测试仪以及 AV3623 一体式矢量网络分析仪,测量范围为 30 kHz~30 MHz,其动态范围 90 dB,幅度准确度 0.1 dB,频率分辨率 1 Hz。

国外主要的幅频特性测试仪厂商主要有:美国的 Agilent 公司、Anritsu 公司及 ADV公司,英国的 Solartron 公司,日本的小野公司。Agilent 公司在 20 世纪 80 年代推出了第一款带有微控制器的 8510 型频率特性分析仪,测试频率范围可达 45 MHz～26.5 GHz,此后又推出了带自动测量功能的 8753 型矢量分析仪,并很快成为业内的标准。1989 年同轴测量频率范围达到 40 GHz;1990 年采用新型毫米波波导技术的测试装置工作频率范围高达 110 GHz。日本产品以小野公司的 SR－200 为代表,该仪器功能单一,仅仅显示幅频特性曲线,并且售价惊人,在一般大专学校应用较少。英国的 Solartron 公司推出的产品主要有 1250、1255A、1260A 等型号,可以实现单频及离散扫频功能,获得频响函数曲线,1250 型扫频仪的工作频率范围为 10 μHz～65.5 kHz;1255A 型扫频仪工作频率范围为 10 μHz～1 MHz,幅度的测量精度达到 0.2%,相位的测量精度达到 0.2°;1260A 型扫频仪的工作频率范围为 10 μHz～32 MHz,幅度的测量精度达到 0.1%,相位的测量精度达到 0.1°。

从上述对市场上现有的幅频特性测试仪产品的调研及分析,不难发现国外的幅频特性测试仪工作的频率范围主要集中在高频和射频,中低频的产品所占比重较少,而且售价相当贵,国内中低频范围的产品也很少。

2.2　系统方案设计

2.2.1　总体方案设计

远程幅频特性测试仪:由具有扫频和幅值可调功能的信号源输出频率范围为 1～40 MHz 的扫频正弦波,步进为 1 MHz。通过增益为 0～40 dB 连续可调的放大电路对小信号进行放大,利用功率检波电路检测出放大器输出信号的有效值并将其提取出来。转换电路将功率检波电路输出的直流模拟量转换为数字量并打包通过 WiFi 及无线局域网传至笔记本电脑并显示。远程幅频特性测试装置设计方案如图 2-1 所示。

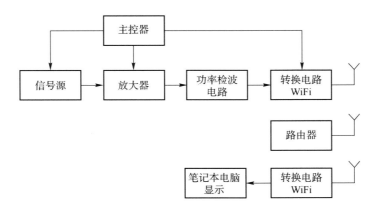

图 2-1　远程幅频特性测试装置设计方案

2.2.2　系统各模块方案论证

1. 信号源模块的论证与选择

方案一:采用 ADF4001 和 MC1648 构成的锁相环路。ADF4001 芯片是 ADI 公司推出的 PLL(锁相环)芯片,其内部包含预分频器和鉴频器,最高频率可达 200 MHz,集成度高,只需外接一个 VCO 和环路滤波器即可搭建一个完整的锁相环路系统,VCO 可选择 MC1648,MC1648 是一个电压控制振荡器,需要一个由电容和电感组成的外部电路。

方案二:采用直接数字频率合成(Direct Digital Synthesis,DDS)技术。该技术具有输出信号频率范围广、频率的转换速率快、分辨率相对较高的优点。DDS 技术采用全数字化结构,便于集成,相关波形的参数(频率、相位、振幅)均可程控。

方案选择:虽然方案一输出的频率相对较高,但由于锁相环是一个惰性器件,锁定频率时间较长,频率转换慢,很难满足系统要求的高速指标。方案二电路较为简单,一块 DDS 芯片和相关的外围电路即可成功搭建系统,最大可输出 150 MHz 的高频率稳定信号,频率分辨率高,频率转换时间极短(小于 20 μs),输出信号的频率、振幅均可按照课题要求进行控制,且输出相位具有连续性,完全可以满足本案例的要求。综上所述,选择方案二。

2. 放大器模块的论证与选择

方案一:OPA354 所构建的放大电路。运放芯片 OPA354 具有输出失真低、转换速率快等特点,但其放大输出后的信号电压并不能达到课题要求的有效值 1 V,而且其电路中的反馈电阻阻值需按照数据手册的典型值设置,不能随便选取,这样才能发挥芯片的最高利用率,该芯片还易出现过热、自激等不良现象。

方案二:OPA847 所构建的放大电路。OPA847 是超宽带电压反馈运算放大器,且带有禁用功能。该运放增益带宽最高可达 3.9 GHz,具有 950 V/μs 的高速转换率,OPA847 还具有低输入电压噪声的特点。

方案三:AD8367 所构建的放大电路。AD8367 是单端射频信号放大器,也是一款高性能的 VGA 芯片,其增益可在 -2.5 dB～42.5 dB 范围内线性可调,即该芯片增益可调节范围达 45 dB,可以稳定工作在低频至 500 MHz 的频率范围内。

方案选择:方案二和方案三都能满足课题要求,但方案二的 OPA847 要求采用 ±12 V 双电源供电;而方案三的 AD8367 只需 $+5$ V 单电源供电。综上所述,选择方案三。

3. 功率检波电路的论证与选择

方案一:采用有效值输出芯片 AD637。AD637 是一片均方根直流转换芯片,具有转换精度较高的特点,可以用来计算各种输入信号的有效值,芯片使用简单,电路调整方便,稳定速度快,输出电压准确。AD637 将输入交流信号转换成有效值的直流信号输出,再经后级的 A/D 采样将模拟量转换为数字量。

方案二:采用峰值保持电路。只需将输入信号的第一个峰值保持并记录下来再经 A/D 采样即可得到交流信号峰值。对于频率为 f 的交流信号,要想保持并记录峰值,峰值保持电路的响应时间要低于信号的一个周期 $T=1/f$。由此可知,当输入信号的频率越高,电路的响应速度就越快。

方案三:采用均值响应功率检波器 AD8361。AD8361 是一款功率检波芯片,其工作频率最高可达 2.5 GHz。在应用中,该芯片只需要 5 V 单电源供电。外围电路简单易行只需输入耦合电容和电源去耦电容既可。AD8361 可以计算任何复杂输入波形的有效值,并将其转化为直流量输出。

方案选择:综上所述,选择方案三。方案一虽然精度较高,但芯片转换时间过长(一般为几十到几百毫秒)且带宽有限。输入信号 2 V 时测量带宽才 8 MHz,而课题要求输入电压 V_{pp} 为 1 V,带宽 40 MHz。

4. 曲线显示方案的论证与选择

方案一:用 VC6.0 设计一个 MFC 应用程序接收并显示幅频特性曲线,可以根据课题要求设计出更加人性化的人机交互界面且功能更完善。

方案二:利用 MATLAB 进行数据的收集与显示。用 MATLAB 自带的 UDP 函数联入局域网并读取测试数据,然后利用画图函数(plot)画出幅频特性曲线并实时刷新。

方案选择:本案例选择方案二。虽然方案一的人机交互界面良好,功能完善,但设计过程较为复杂、耗时、性价比低。方案二只需短短的几行程序即可实现功能,方便快捷,性价比高。

5. 控制器模块的论证与选择

方案一:以单片机 STM32F103ZET6 作为系统的主控核心。单片机作为典型的微控制器,类似一个小型的计算机,常用作嵌入式设备开发。单片机具有功率消耗低、性能高、开发成本小的特点,且具有良好的接口性能,常运用于工业控制。单片机内含程序存储器,程序掉电不丢失,且程序可移植性强,操作简单方便。

方案二:以现场可编程门阵列(Field Programmable Gata Array,FPGA)作为系统的控制核心,基于硬件描述性语言 VHDL 的 FPGA 相较于传统的门级描述方式更适合复杂数字系统的设计。设计方法采用自上而下(Top — Down)的模式。程序的执行采用并行方式,提高了系统的运算速度,常用于大规模实时系统的控制。FPGA 程序掉电即丢失,还需要进行烦琐的引脚锁定。

方案选择:综上所述,选择方案一。虽然 FPGA 功能较为强大,运行速度很快,但作为逻辑器件,时刻面临着竞争与冒险这一比较突出的问题,因此在使用数字逻辑器件时必须要注意毛刺的抗干扰及消除,必然会增加系统复杂程度。

6. 通信协议的选择

方案一:系统发送端与接收端的数据传输通信采用传输控制协议(Transmission

Control Protocol，TCP）。TCP 协议是面向与通信对象连接的通信协议，它的连接与断开分别遵循三次连接握手，四次断开挥手机制。换句话说，在通信双方正式通信前，必须先和对方创建有效的连接。虽然网络的复杂性和不安全性导致了不管多少次的握手都不能保证可靠的连接，但 TCP 协议的握手机制在最大限度上保证了可靠的连接。

方案二： 采用用户数据报协议（User Data Protocol，UDP）。UDP 协议不是面向与通信对象连接的通信协议，故 UDP 协议在于对方通信前并不确认是否建立连接，接收方接收到数据后也不必向发送方发送确认信号，故发送端不知道数据是否成功发送，所以 UDP 协议是无连接的一种数据传输协议。

方案选择：综上所述，选择方案二。虽然方案一对于数据的传输更具可靠性，但对于本案例的自建局域网来说，网络环境简单稳定，环境干扰较小，且方案二的 UDP 协议速度更快，收发双方无须确定 server 和 client 模式，简单易行。

2.3 硬件系统设计

2.3.1 硬件设计思路

本案例硬件电路主要由信号源模块、放大器模块、功率检波模块、显示模块及无线传输模块等组成。信号源电路主要用以产生振幅在 5～100 mV 可调的扫频正弦信号，扫频范围 1 MHz～40 MHz，步进 1 MHz；放大器电路主要是对信号源输出的小信号进行无失真放大，增益应在 0～40 dB 连续可调；功率检波电路用于提取放大器输出正弦信号的有效值并输出；显示模块由 2.8 寸的 TFT-LCD 液晶触控屏组成，主要实现用户与系统的人机交互功能。

1. 信号源电路设计

本案例信号源模块采用 AD 公司的 AD9854 数字频率合成器，AD9854 运用了先进的 DDS 技术，输出信号频率分辨率高，稳定性好。AD9854 集成了两路高性能的正交 D/A 转换器，可以通过软件配置内部的相关寄存器输出两路正交合成信号。在系统时钟的驱动下，AD9854 可以输出振幅、频率和相位均可编程调节的正弦信号和余弦信号。AD9854 输出的正弦信号实测幅度范围为 0～300 mV，完全满足本案例要求的 5～100 mV 可调。其输出正弦波的频率高达 150 MHz，完全可以达到本案例要求。AD9854 原理图如图 2-2 所示。

2. 放大器电路设计

本案例要求放大器在 0～40 dB 范围内连续可调，即最大要求放大 100 倍。虽然 AD8367 是一个通频带达 500 MHz 的压控放大器（VGA），其理论增益最大可达 45 dB，但那仅仅是针对 200 MHz 时的信号，而对于课题要求的 1～40 MHz 频率范围的信号最大放大倍数却只有 35 dB,不满足课题要求,故本案例采用两级放大,首先将信号源 AD9854 产生的小信号经前级 AD8367 进行放大,放大输出直接接入后级 AD8367 输入端再放大。AD8367 放大器电路原理图如图 2-3 所示。

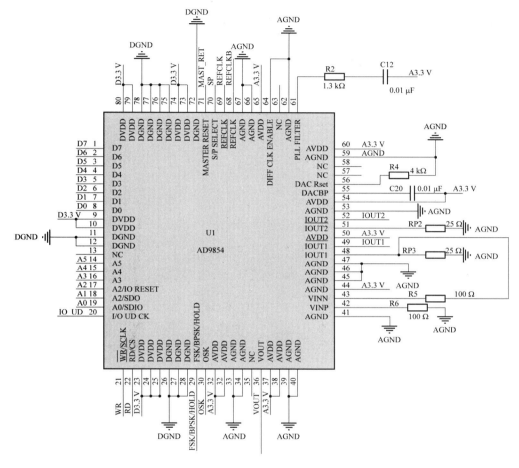

图 2-2　AD9854 原理图

3. 功率检波电路设计

功率检波电路设计采用 AD8367 高精度真有效值功率检波器,是一种高精度测量高频功率的方法,其测量结果基本上与波形无关。AD8367 输出为线性响应直流电压,转换增益为 7.5 V/Vrms,即输出直流电压值是输入信号电压有效值的 7.5 倍。峰值检测电路如图 2-4 所示。

4. 触控显示电路设计

本案例的主控器显示控制模块采用 2.8 寸的 TFT-LCD 液晶触控屏。屏幕的分辨率达 240×320,16 位色的彩色显示相对于 LCD12864 大大提高了图像显示的质量,触摸输入功能使得人机交互更加便捷流畅,提升了用户体验度。LCD 液晶触摸屏与单片机连接原理图如图 2-5 所示。

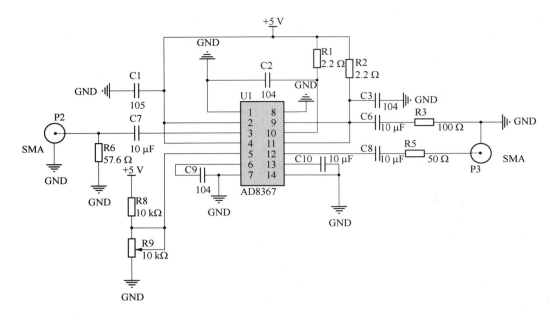

图 2-3　AD8367 放大器电路原理图

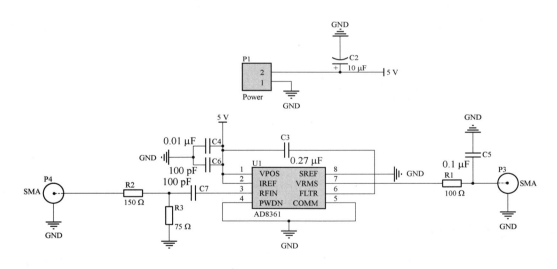

图 2-4　峰值检测电路

5．幅频特性测试模块设计

为了实现远程传输，系统需要用无线路由器建立一个局域网，并将测试端的单片机及接收端的笔记本电脑加入网络，以便信息的传输。将测试端测得的幅值进行模数（AD）转换得到数字量与频率信息一并存入单片机中，利用与单片机相连的 WiFi 模块将数据上传至局域网，随后笔记本电脑接收局域网中的数据并利用软件绘制显示幅频特性曲线，具体过程如图 2-6 所示。

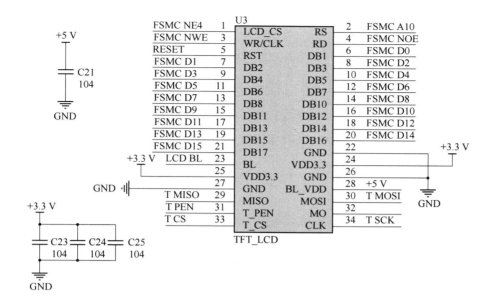

图 2-5   LCD 液晶触摸屏与单片机连接原理图

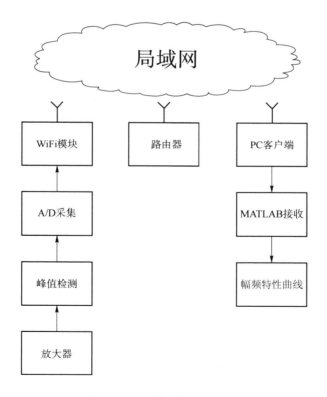

图 2-6   幅频特性测试流程图

2.3.2　硬件系统实现

1. 信号源模块

本案例的信号源模块 AD9854 采用 DDS 技术，AD9854 和 STM32 单片机的通信方式采用 8 线并口通信，通过 STM32 单片机实现正弦波的幅度可调及扫频等功能。系统主要组成结构有单片机模块、DDS 模块、LCD 触控屏模块等。系统可以通过触摸屏配置信号的频率和幅度以及选择定频或扫频功能。为了使信号源输出稳定，本案例采用米客科技的成品 AD9854 电路板，如图 2-7 所示。

图 2-7　AD9854 电路板

本案例采用 STM32 作为 AD9854 的控制器，对 AD9854 的配置需要用到 3 组总线，分别为控制总线、数据总线和地址总线。AD9854 的数据传输可配置为 100 MHz 8 位的并行通信模式，10 MHz 串口通信模式，2 线或 3 线 SPI 接口模式，由于 STM32 单片机接口资源较为丰富，故采用高速的 8 位并行口，其数据口（D7～D0）分别连接 STM32 的 PG 端口（PG8～PG15）；AD9854 的地址总线总共有 6 根（A5～A0）分别连接 STM32 的 PB 端口（PB3～PB8）；其控制总线有 5 根（UP、RST、SP、RD、WR），分别连接 STM32 的 PG 端口（PG2～PG7），AD9854 接口框图如图 2-8 所示。

AD9854 的工作模式共有 5 种。对于模式的选择，可以对相关寄存器中的某些特定位进行配置。具体配置如表 2-1 所示。

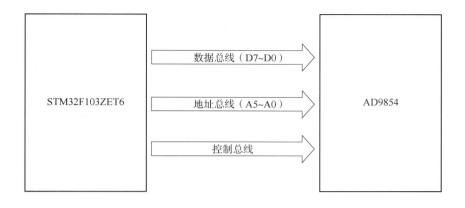

图 2-8　AD9854 接口框图

表 2-1　模式选择表

位 2	位 1	位 0	模式
0	0	0	单信号
0	0	1	无斜率 FSK
0	1	0	斜率 FSK
0	1	1	脉冲调频
1	0	0	二进制相移键控

　　本案例中,无论是定频输出还是扫频输出,皆采用单信号模式,即相关寄存器设置为 000,这是一种默认模式配置。此外,用户也可以配置相关寄存器使能此模式。此模式下, AD9854 输出固定频率和幅度的正弦波。相位累加寄存器用来对输出的频率进行配置,总 共占有 48 个有效位。频率控制字有如下定义:

$$FTW = (期望频率 \times 2^N)/SYSCLK \tag{2-1}$$

式中,N 表示相位累加器分辨率(本器件 48 位);FTW 表示频率调整字,是一个十进制数。 必须将计算完成的十进制数四舍五入为整数,然后转换为二进制格式,即 48 个二进制加权 1 和 0 的序列。信号源 AD9854 的输出频率范围是从零频到系统时钟的一半。当改变信号 源的输出频率时相位是连续的,这意味着新频率的第一个采样相位值是从前一个频率的最 后一个采样相位值的时间开始的。

　　AD9854 的 I 和 Q 通道输出波形的相位总是相差 90°。当调整某个通道的输出波形相 位时,另一通道也随之改变,换言之,两个 14 位相位寄存器并不是独立存在的。

　　单信号模式下用户可配置下列参数:

(1)48 位输出频率精度。

(2)12 位输出幅度精度。

①固定,用户定义的幅度控制;

②可调,可编程幅度控制;

③自动,可编程,单引脚控制,幅度成型键控。

(3)14 位输出相位精度。

以上参数可以通过 8 位并行编程端口以 100 MHz 并行字节速率或 10 MHz 串行速率进行更改或调制。通过对上述参数的配置用户可以实现多种数字调制。

STM32 单片机与 AD9854 信号源的数据传输采用 8 位的并口通信。在 AD9854 的 S/P 选择端被置为高电平时,并口传输模式被激活。这种 I/O 接口与业界标准 DSP 和微控制器相兼容。AD9854 的 I/O 接口包含双向数据位 8 位,地址位 6 位和独立的读/写控制端。并行读/写操作时序如图 2-9 和图 2-10 所示。

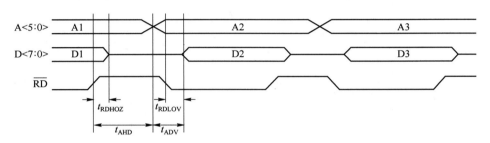

规格	值	说明
t_{ADV}	15 ns	地址到数据有效时间(最大)
t_{AHD}	5 ns	地址保持时间到 RD 信号无效(最小)
t_{RDLOV}	15 ns	RD 低到输出有效(最大)
t_{RDHOZ}	10 ns	RD 高数据三态(最大)

图 2-9 并行读操作时序

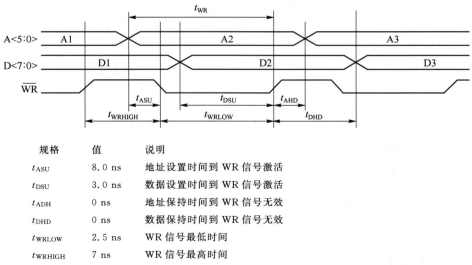

规格	值	说明
t_{ASU}	8.0 ns	地址设置时间到 WR 信号激活
t_{DSU}	3.0 ns	数据设置时间到 WR 信号激活
t_{ADH}	0 ns	地址保持时间到 WR 信号无效
t_{DHD}	0 ns	数据保持时间到 WR 信号无效
t_{WRLOW}	2.5 ns	WR 信号最低时间
t_{WRHIGH}	7 ns	WR 信号最高时间

图 2-10 并行写操作时序

2. 放大器模块

本案例的运算放大器采用 AD 公司的 AD8367。AD8367 是一款性能优良的增益可调运算放大器,其增益在－2.5 dB～42.5 dB 内线性可调。一般可采用 5 V 单电源供电,供电简单,无须正负双电源。

AD8367 理论增益最高可达 42.5 dB,但用扫频仪实际测得 1 MHz～40 MHz 带宽的增益只有 35 dB 左右,如图 2-11 所示。此时波形已严重失真,不满足课题要求的 0～40 dB 无明显失真放大,故可以对小信号采用 AD8367 级联放大的方式,级联两级,每级放大 20 dB。如图 2-12 所示,两级 AD8367 增益可以达到 43 dB 左右,满足课题要求。

图 2-11 AD8367 单级增益

图 2-12 AD8367 两级增益

为了减少电路干扰,更好地发挥 AD8367 的性能,本案例 AD8367 放大电路由腐蚀板制成,板上线宽由软件计算得出,以满足阻抗匹配达到最好放大效果。

PCB 图与实物图分别如图 2-13、图 2-14、图 2-15 所示。

从图 2-14 可以清楚地看到放大器电路由两级 AD8367 及其外围电路构成,前级放大的输出直接加入后级放大的输入,构成级联放大。图 2-15 是放大器的正面图,图中的两个电位器分别是两级放大器的反馈电阻,用以调节电路的放大倍数,实现 0～40 dB 连续可调。

图 2-16 和图 2-17 分别是放大器的输入与输出信号波形,输入信号是频率为 10 MHz 的正弦波,幅度为 10 mV;输出为放大 100 倍(40 dB)的正弦波信号。满足课题要求的 0 dB～40 dB 的放大要求且输出信号峰值可达 1 V。

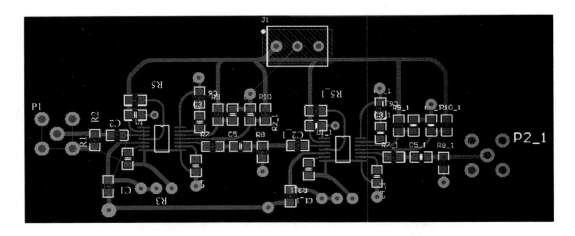

图 2-13　两级 AD8367 PCB 图

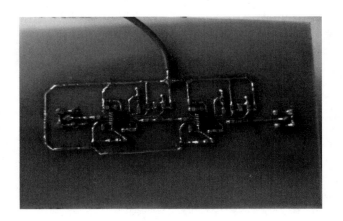

图 2-14　放大器反面实物图

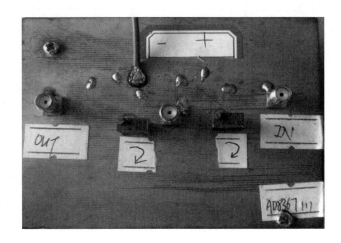

图 2-15　放大器正面实物图

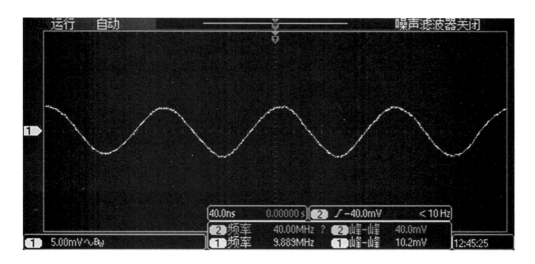

图 2-16 放大器输入信号

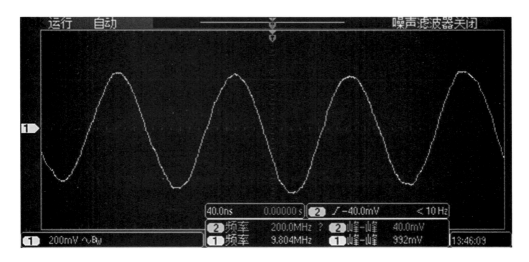

图 2-17 放大器输出信号

3. 功率检波模块

本案例的功率检波模块采用智诺科技的 AD8361 模块。AD8361 模块输出的是直流线性响应电压,转换增益为 7.5 V/Vrms,即输出直流电压是输入信号有效值的 7.5 倍。该检波器的通频带高达 2.5 GHz,完全满足本案例信号的频率范围 0~40 MHz。AD8361 功率检波器实物如图 2-18 所示。

4. 触控显示模块

本案例的触控显示模块采用原子的 TFT-LCD 屏,即彩色液晶显示屏。该款显示屏内置触控输入,可以作为控制输入模块而不用另外搭建键盘模块。TFT-LCD 液晶显示屏如图 2-19 所示。

图 2-18　AD8361 功率检波器实物

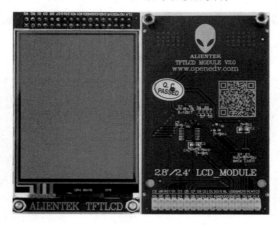

图 2-19　TFT-LCD 液晶显示屏

　　LCD 显示屏与单片机间的通信采用 16 位的双向并行传输方式,之所以采用 16 位的方式,是因为彩屏的数据量较大,尤其在显示图片的时候,如果用 8 位数据线,就会比 16 位慢一倍以上。关于端口连接,LCD 的数据端口 D15～D0 分别连接单片机的 PB15～PB0,LCD 显示屏的 CS、RS、WR 和 RD 分别连接单片机的 PC9、PC8、PC7 和 PC6,TFT－LCD 显示模块与单片机接口框图如图 2-20 所示。

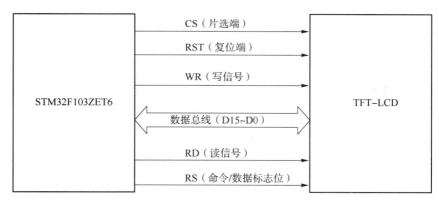

图 2-20　TFT-LCD 显示模块与单片机接口框图

5. WiFi 模块

本案例 WiFi 模块使用 ESP8266。ESP8266 是一款无线透传模块,设备可以通过串口将数据写入 ESP8266 模块,然后再通过 WiFi 上传至网络。模块具有封装尺寸小、正常工作时所需消耗功率极低等特点,所以在本领域内极具竞争力。ESP8266 在新兴的物联网领域和移动通信设备的应用极为广泛,可以将用户的设备连接到无线网络中,进行局域网或互联网通信,使用户可以通过网络实时查看或控制设备。

ESP8266 可以支持 softAP、station、station＋softAP 三种通信模式,内置 TCP 协议,支持多 TCP 客户端连接,本案例采用 ESP8266 的 AP＋STA 模式,ESP8266 与单片机的通信采用串口通信方式,与单片机接口框图如图 2-21 所示。

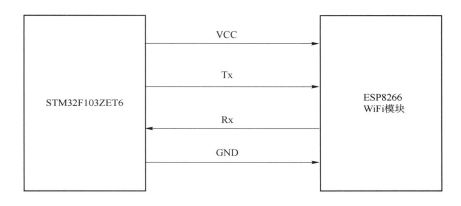

图 2-21　ESP8266 与单片机的接口框图

ESP8266 模块的三种通信模式分别如下。

· STA 模式:每一个在无线网络中连接的客户端都可以称为一个站点。受控设备的 ESP8266 模块同样可以作为一个站点接入无线网络,手机或计算机将可以通过无线网络实现对设备的远程监控。

· AP 模式:其作为一个无线网络的接入点,也是一个无线网络的创建者,是一个网络的中心节点。手机或计算机可直接接入 ESP8266WiFi 模块创建的无线网络与受控设备通信,实现无线网络的远程监控。

· STA＋AP 模式:STA 模式和 AP 模式的共存模式,模块既可以作为热点创建无线网络供手机或计算机客户端连接,也可以作为站点直接接入互联网与其他设备通信。即可以通过互联网实现无缝切换和远程数据传输,方便操作。

ESP8266WiFi 模块内含丰富的 AT 指令集,通过不同的 AT 指令可以将 WiFi 模块设置成不同的模式,执行各种不同的操作。每条指令可以细分为四种命令,如表 2-2 所示。

表 2-2   AT 指令类型表

测试命令	AT+＜x＞=?	该命令可以用于测试内部程序配置的参数以及其取值或查询设置命令
查询命令	AT+＜x＞?	该命令可以用于返回参数设置值
设置命令	AT+＜x＞=＜…＞	该命令可以用于设置用户自定义的参数值
执行命令	AT+＜x＞	该命令可以用于执行受模块内部程序控制的不可变参数的功能

本案例中，共用了 8 类 AT 指令对 ESP8266WiFi 模块进行初始化配置和数据传输，这些指令如下。

AT+RST：复位 ESP8266WiFi 模块。

AT+CWMODE=3：设置 ESP8266WiFi 模式为 AP/Station。

AT+CWJAP=\"TP_607"\,\"1234567890"\：将 WiFi 模块接入局域网中，"TP_607"和"1234567890"分别代表无线路由器的账号和密码。

AT+CIPMUX=1：设置 WiFi 模块的多连接模式。0 代表单连接；1 代表多连接。

AT+CIFSR：查询本机的 IP 地址。

AT+CIPSTART=1,\"UDP"\,\"192.168.1.101"\,8087：1 代表连接的 id 号为 1；"UDP"指建立 UDP 连接；"192.168.1.101"表示需要连接的远程设备 IP 地址；"8087"表示远程设备的端口号。

AT+CIPSTATUS：查询连接状态，返回当前模块的连接状态和连接参数。

AT+CIPSEND=1,1：发送数据指令，第一个参数代表需要用于传输连接的 id 号；第二个参数是发送长度，表明要发送数据的长度，最长可达 2 048。

2.4   软件系统设计

2.4.1   软件设计思路

本案例软件系统共分为两部分，分别是发送端软件和接收端软件。发送端软件主要是针对 STM32 单片机编程用以实现对信号源 AD9854，模数转换器，ESP8266 WiFi 模块和 TFT 触摸屏的配置等功能。接收端软件主要由计算机端的 MATLAB 软件完成，计算机对数据进行接收，之后由 MATLAB 软件对数据进行处理和绘制显示。

1. 发送端软件设计

发送端的控制核心是 STM32 单片机，整个系统数据的采集转换与发送皆由单片机完成。STM32 在正式工作前需要对内部时钟及系统其他设置进行初始化配置，然后是各种所需外部设备的初始化工作，接着 STM32 单片机将利用 12 位模数转换器对输入的模拟信号进行不断的采样、量化转换为数字量并通过 ESP8266WiFi 模块上传至局域网，为了能与接收端进行快速有效的通信，发送端的数据要遵照 UDP/IP 协议发送到指定的 IP 地址和端口。发送端程序流程图如图 2-22 所示。

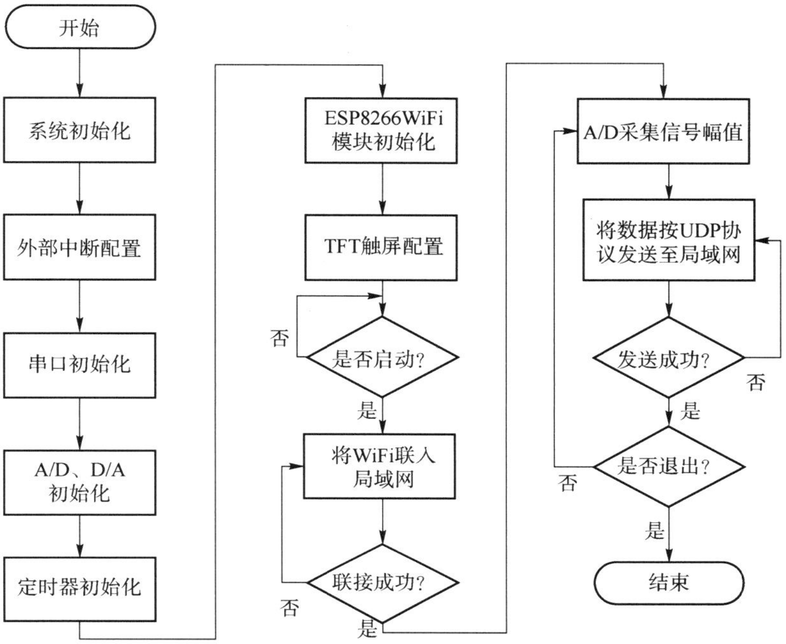

图 2-22　发送端程序流程图

2. 接收端软件设计

本案例用 MATLAB 设计上位机软件，主要是完成接收端的数据收集与处理。MATLAB 是美国 MathWorks 公司推出的专为商业数学计算开发的软件，常用于数据的分析和处理、算法的开发以及交互环境。

在本案例中，系统的接收部分主要由笔记本电脑和 MATLAB 构成。将笔记本电脑作为站点接入自建的无线局域网中，随后利用 MATLAB 自带的 UDP/IP 协议函数接收局域网中指定的数据并对数据进行有效处理，然后结合幅度信息和频率信息利用绘图函数绘制幅频特性曲线，只要发送端与接收端通信正常，PC 端的幅频特性曲线就会实时刷新，接收系统软件流程图如图 2-23 所示。

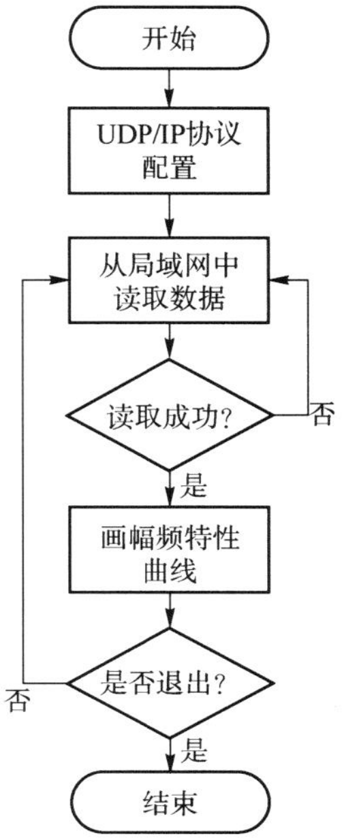

图 2-23　MATLAB 程序流程图

2.4.2　软件实现

STM32F103ZET6 作为系统的主控器完成了各个模块的初始化与配置，将各个模块采集到的数据进行存储处理并通过 UDP 协议传送至局域网。

1. 主控器发送程序

系统主菜单界面如图 2-24 所示,用以进行相关操作,可分别用来配置信号源模块和 WiFi 模块。

图 2-24　系统主菜单界面

信号源的配置界面如图 2-25 所示。信号源有两种工作模式,Single 为定频输出,Sweep 为自动扫频输出,无论哪种模式,输出信号的振幅都在 5～100 mV 可调;对于定频输出,信号输出频率为 1～40 MHz 可调。自动扫频时输出信号频率在 1～40 MHz 连续变化,每次改变 1 MHz。

图 2-25　信号源的配置界面

WiFi 配置界面如图 2-26 所示,首先将 WiFi 复位,将模式设置为 AP/STA 模式,加入无线路由器组建的局域网后,启动多连接模式,之后与同在一个局域网的 PC 客户端以 UDP 协议进行通信。

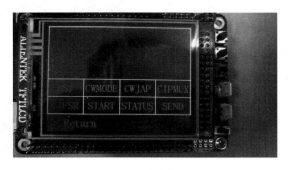

图 2-26　WiFi 配置界面

2. PC 端接收程序

PC 端采用 MATLAB 的 UDP 协议函数进行数据的接收并绘制幅频特性曲线。MATLAB 首先调用 udp()函数并传入入口参数,其中包括通信对方的 IP 地址和端口号、本地端口号等参数 0,调用成功后 MATLAB 将一直运行并等待接收数据,一旦接收到数据后便对其进行处理绘制并实时接收刷新。幅频特性曲线显示界面如图 2-27 所示。

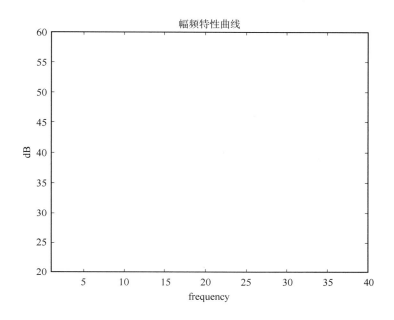

图 2-27　幅频特性曲线显示界面

2.5　系统调试

将系统上电并通过 TFT 触摸屏配置 WiFi 模块,将其连入自建的局域网中,如图 2-28 所示,当屏幕显示"WIFI CONNECTED"时说明 WiFi 成功连入指定局域网,随即 WiFi 将返回"WIFI GOT IP"表明 ESP8266 WIFI 模块已经被分配了 IP 地址,可以进行通信。当屏幕出现"UDP,192.168.1.101,8087"等字样时表明 WiFi 已经配置好 UDP 模式,随时准备与 IP 地址为'192.168.1.101'的客户端进行通信。上述的所有功能都可以通过单击屏幕下方的 8 个方格实现,每个方格都如字面意义代表特定的功能,返回特定的参数。

下面对信号源进行配置,使 AD9854 输出幅度特定的扫频信号,本案例中将扫频输出信号幅度设置为 10 mV,扫频范围为 1～40 MHz,每次改变 1 MHz。通过单击屏幕相应的位置可以完成信号源的配置。信号源配置图与信号源实测图分别如图 2-29 和图 2-30 所示。

图 2-28　WiFi 配置

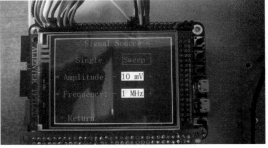

图 2-29　信号源配置图

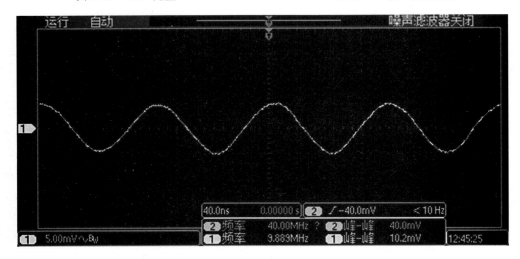

图 2-30　信号源实测图

　　将信号源输出的小信号送入放大器放大，改变放大器的反馈电阻即电位器，可以调节不同的放大倍数。放大后的信号如图 2-31 所示，从图中可以看出放大后信号的峰-峰值达 220 mV，相较放大前的 10 mV 放大了 220 mV/10 mV＝22 倍，即 20log(22)≈27 dB。

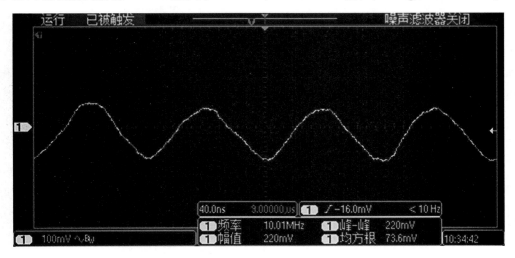

图 2-31　放大后的信号

　　将放大器输出的大信号送入 AD8361 功率检波器，AD8361 对输入的正弦波进行功率检波并计算出输入信号的有效值然后放大 7.5 倍后输出。启动 STM32 的模数转换，将 AD8361 输出的直流电压转换为数字量和频率信息一起通过 WiFi 模块上传至局域网，笔记本电脑接收局域网中的数据并进行处理、画图。PC 客户端测得的远程幅频特性曲线和扫频仪测得的幅频特性曲线分别如图 2-32 和图 2-33 所示。

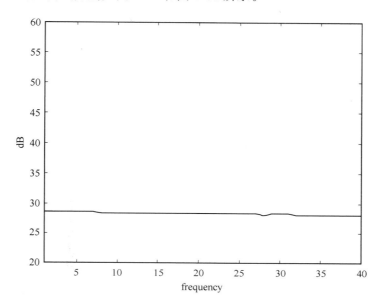

图 2-32　远程幅频特性曲线

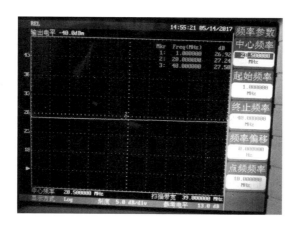

图 2-33　扫频仪测得的幅频特性曲线

　　由于 AD8367 的 −3 dB 带宽即通频带为 0～500 MHz，故当输入信号在 0～40 MHz 时，放大器 AD8367 对输入信号增益基本相同。从扫频仪所测曲线可以看出，当信号的频率在 1 MHz、20 MHz、40 MHz 时扫频仪的增益分别为 26.9 dB、27.2 dB、27.5 dB，与远程幅频特性曲线基本一致。

案例三 基于 **ARToolkit** 的快速标志识别

3.1 引 言

增强现实(Augmented Reality,AR)是由虚拟现实(Virtual Reality,VR)发展而来的新研究领域,是一种将计算机产生的虚拟物体或信息与真实环境进行合成并对景象加以增强或扩充的技术。增强现实也被称作混合现实,其研究目的是为了方便人们对现实世界的认知,降低人们对客观世界认知的成本和难度,大幅提高了现实世界的信息量。虚拟现实技术综合了计算机仿真技术、计算机图形学和多媒体技术、人工智能技术、计算机网络技术、并行处理技术和多传感器等电子技术,模拟人的视觉、听觉、触觉等感官功能,使得用户从感官效果上沉浸在由计算机创造的虚拟环境中。而新兴的增强现实技术则是要借助显示技术、交互技术、多种传感技术和计算机图形与多媒体技术将计算机生成的虚拟环境与用户周围的现实环境融为一体,使用户从感官效果上确信虚拟环境是其周围真实环境的组成部分。

增强现实是虚拟现实的一个重要的分支。虚拟现实是一种模拟真实环境的先进人机交互接口,它强调用户的感官与真实世界隔离。增强现实则能让用户沉浸在一个真实世界与虚拟物体相互融合的环境里面。事实上,增强现实并不是唯一将虚拟世界和真实世界相结合的技术。Milgram 等人提出了如何对这种虚实结合的显示环境进行分类的方法,该方法根据用户界面中计算机生成信息的比例定义了一个从虚拟世界过渡到真实世界的连续区域,称为虚实连接(Virtuality Continum),如图 3-1 所示。

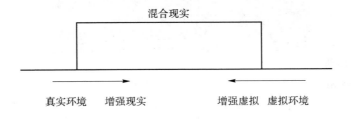

图 3-1 虚实连接带

AR 技术具有广泛的应用前景。医生可以利用 AR 技术,轻易地进行手术部位的精确定位;部队可以利用 AR 技术进行方位的识别;文化古迹的信息以增强现实的方式提供给参观者,可以看到遗址上残缺部分的虚拟重构;在娱乐、游戏领域,增强现实可以让位于全球不同地点的游戏玩家共同进入一个真实的自然场景,以虚拟替身的形式进行网络对战;在教育领域,可以利用 AR 技术实现魔法书的假设。

1957—1962 年,美国电影摄影师 Heilig 创造发明了 Sensorama 多感知模拟器。这个模拟器包含了画面、声音、振动以及味道,它是目前所知最早的沉浸式多感知系统之一。

1966 年,Sutherland 发明了头戴式显示器,并把它认为是通向虚拟世界的一个窗口。

1975 年,Krueger 创建了一个叫做 Videoplace 的人工现实(Artificial Reality)实验室,旨在为用户周围创建一个能对用户的行为动作做出反应的人工现实环境。

1989 年,Lanier 首次提出了虚拟现实(Virtual Reality)一词,并创立了首家卖虚拟现实产品的公司 VPL。

1992 年,Caudell 在 Boeing 公司帮助工人布置飞机线缆时首次提出了增强现实(Augmented Reality)一词;Rosenbergn 开发了首个有实际用途的 AR 系统;Feiner 等人在图形接口会议(Graphics Interface Conference)上发表了首篇关于 AR 系统原型 KARMA 的重要论文。该论文第二年发表在美国计算机协会通讯(Communications of the ACM)中,并被广泛引用。

1999 年,Kato 在 HIT 实验室开发了 ARToolkit,发表在当年的 SIGGRAPH 中。

2000 年,Bruce 与 Thomas 开发了户外移动 AR 游戏 ARQuake,发表在 International Symposium on Wearable Computers 中。

2004 年,Gordon 与 Lowe 在 ISMAR 上提出使用 SIFT 方法实现脱离标记的增强现实注册过程。

2008 年,Wikitude AR Travel Guide 于 2008 年 11 月 20 日在 G1 Android 手机平台上发布。

2009 年,Saqoosha 把 ARToolkit 移植到 Adobe Flash 中,把增强现实代入网页浏览器之中。

AR 技术的发展可以追溯到 1968 年,美国哈佛大学的 Ivan Sutherland 教授研制出世界上第一个光学透明头戴式显示器(See—Through Head—Mounted Display,STHMD),用于实时现实计算机生成图形。但由于硬件设备与图形学研究本身的限制,在随后的 20 年中 AR 技术并没有显著的进展。AR 发展成熟,并成为一个独立的研究领域是在 20 世纪 90 年代。20 世纪 90 年代初期,波音公司的 Tom Caudell 和他的同事在他们设计的一个辅助布线系统中提出了"增强现实"(Augmented Reality,AR)这个名词。在他们设计的系统中,应用 STHMD 把由简单线条绘制的布线路径和文字提示信息实时地叠加在机械师的视野中,而这些信息则可以帮助机械师一步一步地完成一个拆卸过程,以减少在日常工作中出错的机会。接下来又相继出现了多种 AR 应用系统,主要集中在医疗、制造与维修、机器人遥控、娱乐及军事等方面,但由于设备配置的复杂性和精度要求等方面的原因,这些系统大部分还没有真正投入实际的应用。

　　进入 21 世纪,AR 技术发展迅速。2002 年,Wanger 将 ARToolkit 软件包移植到 PDA 上,实现了第一个由 PDA 独立完成所有处理任务的系统。2003 年,Eric Woods 等人设计了一种增强现实技术的六自由度鼠标。使用者可以在二维或者三维的环境下简单移动、旋转拳头即可对鼠标进行操作。2004 年,Adrian Clark 设计了一个基于增强现实的军事合作游戏。游戏者们可以分为两个或者多个竞争阵营。同年,Mohring 等人研制开发了第一个由智能手机完成所有 AR 任务的应用。Mohring 采用立体彩色标记进行跟踪注册,显示增强视频流的帧率是可接受的。Henrysson 将 ARToolkit 工具包移植到 Symbian 手机上,第一次在 Symbian OS 的基础上实现了增强现实系统。2005 年,基于 Symbian 操作系统的多用户 Symball 和 AR Tennis 游戏被开发出来。2006 年世界杯期间,西门子公司推出的一款名为 AR Soccer 的足球游戏,该游戏使用像素流检测算法,可以准确地检测到移动的脚的边缘。2008 年,J. Talbot 等人对增强现实在放射性治疗中的应用进行了研究,开发了一种能帮助定位接受放疗患者病患部位的 AR 系统。

　　增强现实技术的研究与应用在国内起步较晚,但是具有很大的应用和发展潜力,当前国内很多研究机构正致力于 AR 的研究,主要集中在高等科研院校,北京理工大学已经发表了多篇基于光流、投影的跟踪注册技术论文,其光学系对增强现实的头盔显示器进行了研究,并完成了圆明园现场重建项目,具有相当的水平;华中科技大学在 AR 跟踪注册技术上提出了全局放射变换的方法,能够简单而快速地实现注册中坐标的转换;上海交通大学研究的 PDA 上的彩色可视标志码的设计和跟踪注册计算法;上海大学与浙江大学合作研究的 AR 场景的光源实时检测和真实感绘制框架。此外,国内许多船舶、航空航天等军工单位以及汽车企业都建立了大型虚拟现实环境。但总体来说,国内 AR 领域的研究工作比较单一,还不能形成系统化的整体性研究。

　　增强现实技术按照跟踪注册方式可以分为基于计算机视觉跟踪注册的增强现实技术和其他跟踪注册方式的增强现实技术。而基于计算机视觉跟踪注册的增强现实技术又分为基于视觉标记跟踪注册的增强现实技术和基于自然特征跟踪注册的增强现实技术。基于视觉标记跟踪注册的增强现实技术对硬件设备要求最低,只需要一台摄像机或者摄像头就可以对虚拟模型进行定位注册。同时,由于事先在真实世界中设置了标记,所以基于标记的 AR 系统,通过对标记的跟踪定位,能够将虚拟模型准确定位到真实世界,并最大限度地实现虚实之间的无缝融合。

　　本案例研究的是基于视觉标记增强现实系统标记设计和识别技术。目前,应用最广泛的增强现实系统是基于视觉标记的增强现实系统,基于视觉标记的增强现实系统工程流程如图 3-2 所示。

　　因此,研究标记设计和识别技术具有广大前景和深远应用价值。工作内容包括:①主流增强现实平面标记的设计。第一,标记形状都取正方形,是因为标记在跟踪注册过程中需要计算转换矩阵,而计算转换矩阵就需要标记的四个角点作为定位条件;第二,标记使用黑白色调,是因为黑白两种颜色对比最明显,能突出标记的特征。②标记的检测识别。标记的识别都需要校正的过程。由于摄像机采集场景图像时的视角是随机的,候选标记的外形轮廓发生了一定的变化,因此需要首先对标记进行校正,之后才能将其与标准标记模板进行匹配。③基于 ARToolkit 平台,验证标记加载三维虚拟模型的有效性。

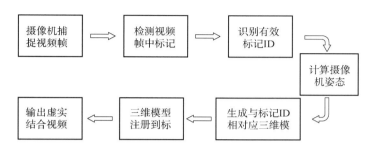

图 3-2　基于视觉标记的增强现实系统工作流程

3.2　增强现实关键技术及开发平台

　　AR 技术是一门多种技术相交叉的技术,涉及领域非常广泛,目的是呈现给人们虚拟对现实的增强情景,而直接承担虚实结合的显示技术是增强现实的关键技术之一。AR 系统要求实现虚拟物体和现实场景的无缝融合,即需要将虚拟物体与真实世界在三维空间位置中进行"配准",这个"配准"的过程常称为注册。要实现虚拟物体在真实场景中的精确注册则需要从当前场景中获取空间数据。虚拟物体所处位置和观察者位置是相对的,这意味着 AR 系统必须实时地检测观察者(摄像机)在真实场景中的位置和方向,以帮助 AR 系统获得观察者(摄像机)的视角,这个过程称为跟踪(Tracking)。在 AR 系统中,跟踪直接影响到虚拟物体的注册,因此,跟踪技术是 AR 的关键技术之一。对于基于视觉标记的增强现实,跟踪注册的基础是标记的检测和识别,所以标记的检测与识别也是关键技术之一。

3.2.1　显示技术

　　通常可以把 AR 中采用的显示技术划分为以下几类:视频透视显示、光学透视显示、普通显示器显示、投影式显示、手持式显示器显示等。

1. 视频透视显示器

　　视频透视式头盔显示器(Video See-Through HMD)是把一个封闭的视频头盔同一到两个视频摄像机结合在一起。视频摄像机为用户提供真实世界中的场景,这些真实的视频同虚拟信息生成器产生的虚拟图像相融合。它由安装在使用者头盔上的摄像机摄取外部真实环境的图像,头顶跟踪器跟踪用户的位置,虚拟场景生成器根据用户的位置处理生成所要添加的虚拟信息,通过视频合成器,虚拟信息与真实环境的视频信号融合在一起,最后通过位于头盔前部的显示器呈现给用户。

2. 光学透视显示器

基于光学原理的光学透视式头盔显示器(Optical See-Through HMD)则是通过一对安装在用户眼前的半透半反的光学混合器实现对外界真实环境与虚拟信息的融合。真实场景直接透过半透半反镜呈现给用户,虚拟信息生成器根据头部跟踪器跟踪到的位置,计算生成虚拟场景信息,经过监视器光学放大,再经半透半反镜反射进入人的眼睛,真实场景和虚拟信息的融合通过光学混合器来实现。

3. 普通显示器

AR 系统也可以采用普通显示器显示(Monitor Based Displays)。在这种系统中,通过摄像机获得的真实环境的图像与计算机生成的虚拟信息合成之后在普通显示器上输出。在需要时也可以输出为立体图像,这时需要用户戴上立体眼镜。这种情况下,用户不必穿戴任何显示设备就可以从显示器中看到真实环境与虚拟信息的融合效果。

4. 投影显示器

投影式显示(Projection Displays)是将虚拟信息直接投影到要增强的物体上。美国伊利诺斯州立大学和密歇根州立大学的一些研究人员研究出一种原型系统,采用头盔投影显示器(Head-Mounted Projective Display,HMPD)来进行投影。该系统由一个微型投影镜头,一个戴在头上的显示器和一个双面自反射屏幕组成。由计算机生成的虚拟物体显示在 HMPD 的微型显示器上,虚拟物体通过投影镜头折射后,再由与视线成 45°的分光器反射到自反射的屏幕上。自反射的屏幕将入射光线沿入射角反射回去,进入人眼中,从而实现了虚拟信息与真实环境的重叠。

5. 手持式显示器

手持式显示器(Hand Held Display,HHD)是一种平面 LCD 显示器,使用捆绑的摄像机提供基于视频透视的增强显示。手持显示器充当一个窗口或放大镜,显示用虚拟信息覆盖的真实对象。一些 AR 系统采用了手持式显示器,如美国华盛顿大学人机界面技术实验室设计出了一个便携式的 MagicBook 增强现实系统,该系统采用一种基于视觉的跟踪方法,把虚拟信息重叠在真实的书籍上,产生一个 AR 场景,同时该界面也支持多用户的协同工作。

3.2.2 跟踪注册技术

AR 中常用跟踪技术有:视频检测、光学系统、GPS、超声波、惯性装置、陀螺仪、磁场、机械装置。目前已有的大型 AR 系统综合了以上跟踪注册方法,而视频检测技术又有基于标记的视频检测技术和基于自然特征的视频检测技术两种。

1. 基于标记的视频检测技术

基于标记的视频跟踪注册技术需要预先在真实场景中设置人造标记,其执行流程为:①摄像机获取真实场景图像;②对摄像机的视频帧进行检测,得到候选标记四个角点位置信息;③对候选标记进行识别,如果得到 ID,为合法标记;④由标记四个角点和摄像机内部参数计算摄像机姿态,再根据 ID 将相应虚拟模型注册到标记中去;⑤将虚实融合的画面输出。

视频检测中使用的平面图形标记一般是由具有一定宽度的黑色封闭矩形框和内部的各种图形或文字两部分构成。封闭的黑色矩形框能够使系统在视频场景中快速判别是否存在标记,首先对于视频流中的每一帧利用灰度阈值的方法分离标记和背景区域,然后使用简单的标记法找出分割后视频帧中的连通区域,接着匹配连通区域中的四边形结构,记录采集的图像中全部标记的所在区域和坐标,最后分别提取各个标记四边形的边缘像素坐标,找出四边形标记的四个顶点坐标,以此计算出标记边缘的直线方程,得到屏幕坐标。

因为对于平面图形标记所采取的图像处理方法较为简单,所以能够快速获得检测结果。标记内部的图形或文字可以表示标记所代表的具体信息,如表示何种目标或在此应显示何种虚拟物体。具体的标记内部图形可以根据需要自动生成。

对标识物进行识别的过程就是将标识物从背景中抽取出来的过程,可以采用图像的阈值分割方法,根据像素的灰度等特性判别像素是属于背景还是标识物。阈值分割基于图像灰度值的相似性原理,它也是图像分割技术的最重要的方法之一。假设灰度直方图与一幅图像 $f(x,y)$ 对应,该图像由位于亮背景上的暗物体构成,并且组成物体和背景的像素构成其两个主要的模式。从图像的背景中提取物体的方法之一就是选择一个阈值 T 来将这两个模式分开。对于任意一点 (x,y),如果其灰度值 $f(x,y) \geqslant T$,则可以认为该像素点为背景点,否则认为该点为标识物点。

一幅经过阈值化处理的图像可以定义为

$$g(x,y)=\begin{cases} 1 & f(x,y)<T \\ 0 & f(x,y)\geqslant T \end{cases} \tag{3-1}$$

标记为 1 的像素属于标识物,标记为 0 的像素则属于背景。

AR 系统的跟踪注册涉及虚拟模型坐标系、真实场景坐标系、摄像机坐标系、2D 成像平面坐标这四个坐标之间的转换。而对这四个坐标系的转换过程也就是 AR 中标记的跟踪注册过程。跟踪是获得摄像机坐标系与真实场景坐标系之间的映射转换关系;注册是获得虚拟物体坐标系与 2D 成像平面坐标系之间的转换关系。

2. 基于自然特征的视频检测技术

基于标记的视频跟踪注册方法需要在场景中预先设置标记。在户外时,很难做到在每个场景中都设置标记。另外,对于活动范围较大的 AR 系统,需要大尺寸的标记才能满足要求,这也给用户带来了诸多不便。因此,研究基于无标记的跟踪注册技术可以扩大增强现实系统的适用范围。为了能够确定摄像机在真实场景中的姿态,可以将真实环境中的某些自然特征作为参照物,比如,点、直线或是曲线,通过特征提取和特征匹配实现三维位置的注册。该种方法计算量较大,对实时性要求较高的增强现实系统来说是不适合的。

3.2.3 ARToolkit 工具包

为降低 AR 应用开发的复杂性,许多研究组织陆续提出用于构建 AR 系统的开发工具包,这些工具包含了 AR 开发中涉及的模式识别、坐标转换以及视频合成等功能。ARToolkit 是一套开放源码的工具包,最初由日本大阪大学的 Hirokazu Katob 博士开发,后来由华盛顿大学 HIT Lab 和新西兰的坎特伯雷大学 HIT Lab NZ 共同资助。ARTooikit 已经成为目前使用最广泛的桌面级 AR 系统开发包,许多 AR 应用都是基于 ARToolkit 实现或利用类似的改进版本进行开发。

ARToolkit 采用基于标记的视频检测技术进行跟踪注册,使用 OpenGL 三维图形渲染库生成 3D 虚拟图形,输出显示虚实融合的视频流中。ARToolkit 提供 Linux、Mac 和 Windows 系统的不同版本,方便研究者使用。

3.3 增强现实中的标记设计检测与标记识别

3.3.1 ARToolkit 标记设计

为了便于识别和分析,标记的设计以具有规则的几何外形和鲜明的色彩特征为准则。不同的标志图案有不同的识别方式,不同的识别速度,不同的识别准确率以及不同的程序复杂性。合理的选取标记图案可以有效地降低技术实现的难度。在数字图像处理中,黑白颜色较易区分,正方形较易辨认,因此标记选取黑色底色、白色图案的方式。正方形标记的 4 个顶点在相机空间的三维坐标包含了标记的位移和旋转信息,标记上的图案对应不同的虚拟物体。ARToolkit 采用封闭的黑色正方形外框、内部为任意图形或图像但非对称的矩形标记为标识物,如图 3-3 所示。

图 3-3　ARToolkit 常用平面标记

ARToolkit 在检测标识物时将提取的矩形区域同已经导入到模式库中的标识文件进行匹配,这些文件是预先制作且以文本格式存在,该文本案例内容是 4 个 48×16 的二维矩阵。ARToolkit 用 16×16 的二维矩阵存储标识物每个像素点的亮度等级,由于要分别存储像素点的 RGB 亮度等级,因此用 48×16 的二维矩阵来存储像素点的 RGB 等级,即 3 个 16×16 矩阵,分别表示像素点的 R、G、B 亮度等级矩阵。

ARToolkit 提供了函数 arSavaPatt 来制作标识物模式文件,开发人员可通过该函数来编写制作标记模式文件的应用程序或直接采用 ARToolkit 提供的标记模式文件制作应用程序。模式文件的扩展名由开发人员自行命名,一般为 Pat 或 Patt。

标记按照 ARToolkit 标准标记制作,标记模式文件制作流程如图 3-4 所示。

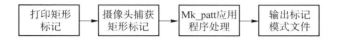

图 3-4 标记模式文件制作流程图

3.3.2 ARToolkit 标记检测

标记检测是为了找到视频帧图像中的标记,这里检测到的标记不一定是合法的标记,只是进行下一步标记识别的候选标记。标记经过识别,如果能够读出标记的 ID 等信息,才可以算作是真正的合法标记。标记检测的目的为了将可能的目标标记"圈起来",即得到标记的四条边或者四个角点的信息,为了下一步的标记识别和跟踪注册做准备。

第一步,捕捉视频帧;第二步,找到灰度值低于阈值的连通域;第三步,提取连通域的外部边界像素点进行直线拟合;第四步,确定提取的边界是否存在四条直线,如果存在四条直线则可以确定四个角点的坐标,ARToolkit 标记检测过程如图 3-5 所示。

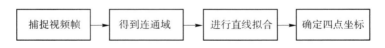

图 3-5 ARToolkit 标记检测过程

1. 图像阈值分割

图像分割就是将图像划为一些区域,在同一区域内,图像的特征相近,而不同区域,图像特征相差较远。图像特征可以是图像本身的特征,如像素的灰度、边缘轮廓和纹理等,图像分割的作用就是从图像中提取有用的信息。根据阈值选取方法差异,图像分割分为固定阈值分割和动态阈值分割。其中,固定阈值分割又分为全局阈值分割,局部阈值分割和多阈值分割。全局阈值分割最为简单快速,是指设置一个同定阈值,整幅图像的像素值与其比较,若像素值小于该阈值则置为背景,否则为物体。局部阈值是指存在多个阈值,根据像素所处图像的位置,与相应的阈值进行比较,若小于则为物体,大于则为背景。全局阈值分割和局部阈值分割采用固定的阈值,动态阈值则根据外部条件(如光照等)进行变化,动态的设置阈值。

由于 ARToolkit 采用的是黑白标记,需要将帧图二值化,才能对标记的信息进行提取,ARToolkit 使用全局固定阈值对整幅图像进行图像分割,一般阈值初始值 100。

2. 角点提取

图像阈值分割后,需要提取标记的特征,以便进行标记识别,确定标记的 ID。标记黑色边框的外部四个角点是标记的特征,标记特征提取的结果就是获得标记的四个角点的位置坐标。

在 ARToolkit 工具包中,首先检测图像中的黑色连通区域,对黑色连通区域的边界轮廓点,使用最小二乘法,从而拟合出边界直线,再根据直线相交求出标记的四个角点。

3. ARToolkit 标记识别

标记识别的目的是为了获得标记的 ID,由此得到相对应需要渲染的虚拟物体。根据标记识别过程中 ID 匹配方式的不同,分为基于图像模板匹配的标记识别方法和基于编码特征的标记识别方法两类。工具包 ARToolkit 采用模板匹配的标记识别方法。ARToolkit 标记的识别需要经过标记校正、ID 匹配的过程,识别标记的主要流程如图 3-6 所示。

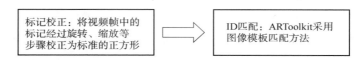

图 3-6　识别标记的主要流程

1. 标记校正

基于图像匹配的方法是设定标准标记模板,将检测到的候选标记与标准模板进行逐一匹配,确定最佳的候选匹配。之所以进行标记校正,是由于摄像机与真实场景中标记的相对位置是变化的,候选标记的形状轮廓发生了一定的变化,因此需要预先对标记进行校正,校正之后的标记才能与标准标记模板文件进行对比匹配。

关于候选标记的变化,因为三维坐标系到二维坐标系变换是一种投影变换,因而在视频帧中的标记,就是真实场景中的标记在成像坐标系上的垂直投影,因此,在真实场景中的正方形标记,在视频帧二维坐标系下,不再是正方形,而是一个凸四边形。

在标记检测过程,可以得到标记四个角点的视频帧中位置坐标为 (x_{c_i}, y_{c_i}),$i = 1, 2, 3, 4$,且在真实场景中的预先放置好的角点坐标为 (x_{m_i}, y_{m_i}),$i = 1, 2, 3, 4$。设标记的中心为原点 O,标记边长为 8 cm,可得到它们的对应关系为

$$\boldsymbol{H}^{-1} \begin{bmatrix} h_{x_c} \\ h_{y_c} \\ 1 \end{bmatrix} = \begin{bmatrix} x_m \\ y_m \\ 1 \end{bmatrix} \tag{3-2}$$

由此公式(3-2),可解得矩阵 **H**,而后通过矩阵 **H** 对标记内部的点进行映射来实现校正。设标记上某点坐标为(x_c,y_c),校正之后对应点的坐标为(x_m,y_m),再根据得到的矩阵 **H**,可得

$$\begin{bmatrix} h_{x_c} \\ h_{y_c} \\ 1 \end{bmatrix} = \boldsymbol{H} \begin{bmatrix} x_m \\ y_m \\ 1 \end{bmatrix} = \begin{bmatrix} N_{11} & N_{12} & N_{13} \\ N_{21} & N_{22} & N_{23} \\ N_{31} & N_{32} & 1 \end{bmatrix} \begin{bmatrix} x_m \\ y_m \\ 1 \end{bmatrix} \tag{3-3}$$

将视频帧中标记的点代入可得到校正后的标记。

2. 标记 ID 匹配

ARToolkit 中准备了三种光照条件的标准模板文件,需要将校正后的标记图像与每种光照条件下的模板进行四个方向上的匹配。如果 ARToolkit 总共能表达 N 个标记的信息量,则识别一个标记需要进行 $12 \times N$ 次的模板匹配。匹配相似度利用某种相似性度量来判定两幅图像的对应关系。相似性度量有一个阈值,在阈值范围之内为有效标记,否则为非法标记,ARToolkit 识别过程如图 3-7 所示。

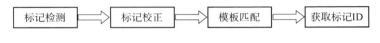

图 3-7　ARToolkit 标记识别过程

3.4　基于 ARToolkit 的增强现实

ARToolkit 是一套基于 C 语言及开放图形库(Open Graphics Library,OpenGL)的 AR 系统开发工具包,该工具包最初是由 Hirokazo Kato 博士于 1999 年在华盛顿大学人机接口实验室(HITLab)设计开发的,经过多次系统改进。ARToolkit 支持 Windows、Linux 及 MacOS 等多种操作系统,目前已成为在 AR 领域使用较为广泛的开发包。ARToolkit 采用基于标识物的视频检测方法,通过计算摄像机坐标系和标识物坐标系的转换矩阵进行虚实定位,实现虚实注册,并且依靠 OpenGL 将虚拟物体或信息渲染到视频流中。

3.4.1　ARToolkit 的体系结构

基于 Windows 平台的 ARToolkit 系统主要由几个函数库组成。其中 libAR.1ib 包括摄像机校正与参数收集、目标识别与跟踪等模块,主要完成摄像机定标,标识识别与三维注册等功能;libARvideo.1ib 是基于 Microsoft DirectShow 的视频处理函数库,主要完成图像实时采集功能;libARgsub.1ib 是基于 OpenGL 的图形处理函数库,完成图像的实时显示,三维虚拟场景的实时渲染等功能。

ARToolkit 的跟踪步骤为:摄像机捕获真实世界的视频,并将它传送给计算机;软件监

控视频流中的每一帧图像,并在其中搜索是否有匹配的图形标记;如果找到了,ARToolkit将通过数学运算计算出图形标记和摄像头的相对位置(投影变换矩阵);得到摄像头的位置之后,此来调整模型的位置和方向;将模型渲染到标记卡所在(帧画面)的位置;最终输出到显示设备的视频流是经过处理的,因此当人们通过显示设备看到视频(而不是直接拿眼睛看真实世界)时,模型便覆盖到拍摄的真实世界画面上了。

ARToolkit 的工作流程如图 3-8 所示。

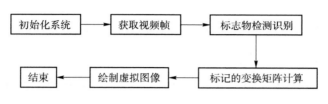

图 3-8　ARToolkit 的工作流程

3.4.2　ARToolkit 的基本建模

在使用 ARToolkit 平台开发的 AR 应用系统里,基本的虚拟物体建模方法是采用OpenGL 绘图函数来实现的。OpenGL 是一个功能强大的三维图形平台,有着良好的跨平台移植能力,目前已经广泛应用于可视化计算、CAD/CAM、模拟仿真等诸多领域。

1. OpenGL 几个主要函数库

OpenGL 的建模功能主要由以下几个函数库提供。

(1)OpenGL 图形库

OpenGL 图形库中的函数以 gl 开头,可以实现比较简单的绘图功能,核心函数共 115个。这些函数可以运行在现在任何主流操作系统中。对于简单图形,如点、线、多边形等的绘制在 glBegin 与 glEnd 过程之间实现。基本方法为:

glBegin(GLenum mode):

/ * 绘制过程 * /

glEnd;

(2)OpenGL 实用库

OpenGL 实用库中的函数以 glu 开头,其函数功能更高级一些,如绘制复杂的曲线曲面、高级坐标变换、多边形分割等,共有 43 个函数,这些函数可以运行在目前的任何主流操作系统中。

(3)OpenGL 实用工具开发库

OpenGL 实用工具开发库中的函数以 glut 开头,它们提供更为复杂的绘制功能。主要建模函数如表 3-1 所示。

表 3-1　OpenGL 实用工具开发库中的主要建模函数

函数名	函数功能
glutSolidSphere,glutWireSphere	绘制实心球体和线框球体
glutSolidCube,glutWireCube	绘制实心立方体和线框立方体
glutSolidCone,glutWireCone	绘制实心圆锥体和线框圆锥体
glutSolidTorus,glutWireTorus	绘制实心圆环和线框圆环
glutSolidTeapot,glutWireTeapot	绘制实心茶壶和线框茶壶
glutSolidOctahedr,glutWireOctahedron	绘制实心八面体和线框八面体

2. 各调用模块功能

首先,在基于 ARToolkit 的增强现实系统实验中,需要通过调用初始化模块初始化视频采集并读入 ARToolkit 应用的初始参数。然后依次调用三维注册模块、标识识别模块和显示模块实现标识检测与识别、变换矩阵的计算以及虚拟模型的输出,这几个模块在应用的过程中一直重复调用,直到应用结束。最后,调用视频释放模块停止视频处理,关闭视频。利用 ARToolkit 实现增强现实的流程图如图 3-9 所示。

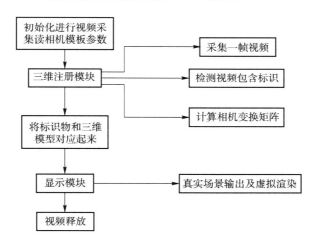

图 3-9　ARToolkit 中图像处理和跟踪模块的实现流程图

初始化模块实现了开始视频采集,读入标识和相机参数以及建立图像窗口的功能。其中,由于增强现实系统对实时性要求很高,所以使用微软公司提供的 DirectShow 开发包实现视频采集。相机参数通过缺省的相机参数文件名 Data/(camera para. dat,由函数 arParamLoad(cparaname,J,&wparam)读入到参数 wparam 中,参数 wparam 中存储了相机的内部参数,包括图像的尺寸、相机的透视矩阵和光学失真系数。模板匹配时要用到的模板是通过一个事先定义的标识文件名进行读取的,通过获得的标识模板的 ID 号,来判断模板信息的读取是否成功。

三维注册模块是实现增强现实功能的核心模块,调用了 ARToolkit 的大部分函数。①利用函数 arlOdeoGetlmage 采集一帧图像。②利用函数 arDetectMarker(dataPtr,thresh,&marker,info&marker.hum)寻找视频图像中包含的具有正确标识模板的正方形。③利用函数 arGetTransMat 计算变换矩阵。

显示模块调用函数 draw,在基于 ARToolkit 的增强现实系统中,系统的输出使用常用的图形标准 OpenGL,其中包括真实场景的输出和增强信息的输出。真实场景主要是从摄像头采集的图像,而增强信息主要指的是虚拟的三维模型,包括建立三维模型和利用注册信息将三维模型在正确的位置和姿态渲染出来。ARToolkit 中几个主函数如表 3-2 所示。

表 3-2   ARToolkit 中几个主函数

ARToolkit 步骤	函数
应用程序初始化	init
抓取一帧输入视频	arVideoGetImage（在主循环中调用）
探测标识卡	arDetectMarker（在主循环中调用）
计算摄像头的转移矩阵	arGetTransMat（在主循环中调用）

3.4.3   基于 ARToolkit 的实验验证

基于 ARToolkit 的增强现实系统实验中,使用的定标模板如图 3-10 所示,图像中带黑色边框的正方形是试验中使用的标识模板,在黑色边框内的白色区域中添加 HIro 以及中文人字用来区别不同的模板。

图 3-10   实验模板

在 Visual C++6.0 平台下,结合 OpenGL 和 OpenCV 函数,进行标记区域检测、标记图案识别,以及三维注册和相机融合,实现了增强现实场景。

1. 验证标记在不同光照下的有效性

（1）如图 3-11 所示，由亮到暗两种不同光照下，输出不同虚拟物体立方体和茶壶的单标记的识别效果。

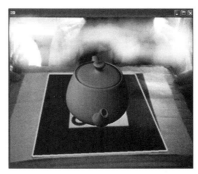

（a）强光条件下的效果

（b）弱光条件下的效果

图 3-11　两种不同光照条件下单标记识别效果

（2）如图 3-12 所示，为两种不同光照下多标记识别效果，标志物 Hiro 对应输出虚拟物为一朵花及蜜蜂，标志物人字对应为一个雪人。

图 3-12　两种不同光照条件下多标记识别效果

标记是和周围场景一同被相机拍摄的，因此，标记的识别包括标记所在区域的识别和标记图案的识别。标记所在图像区域识别一般是以标记的色彩、几何等特征为依据，在图像中寻找与这些特征相符的区域。标记的色彩与光照环境有关,当环境变得过暗或过亮时,标记都会失去自身的色彩特征,变得难以与环境区分开来。因此,适度的环境光照是进行标记识别的必要条件。相机拍摄到的图片是彩色的。首先需对图像中每个像素点进行灰度化处理,然后确定一个阈值,将灰度图转变为黑白二色图。阈值的选取非常重要,适当的阈值能消除光照所带来的影响。在此次实验中,阈值为初始值100,随着光度的减弱识别效果不好。

2. 验证摄像机距离对标记识别的影响

摄像机与标记保持一定角度,周围光照等条件不变,按照距离由近及远。

(1)如图 3-13 所示,输出不同虚拟物体立方体和茶壶的单标记的识别效果。

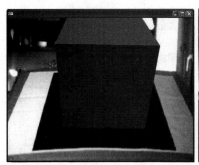

（a）近距离下的效果　　　　　　　（b）远距离下效果

图 3-13　摄像机与标记两种不同距离识别效果

(2)如图 3-14 所示,为由近及远两种不同距离下多标记识别效果。

图 3-14　两种不同距离条件下多标记识别效果

由图 3-14 可知,随着距离增大,仍能被识别输出虚拟物体。

3. 验证摄像机角度对标记识别的影响

摄像机与标记保持一定距离,周围光照条件不变,摄像头角度与标记分别在 0°和约 45°情况下。

(1)如图 3-15 输出不同虚拟物体立方体和茶壶的单标记的识别效果。

(2)如图 3-16 所示,为两种不同角度下多标记识别效果。

（a）0°角度下效果

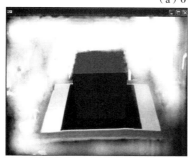

（b）约45°角度下效果

图 3-15　摄像机与标记两种不同角度的识别效果

图 3-16　两种不同角度条件下多标记识别效果

实验证明，角度的变化对识别影响不大。

案例三　附录：部分源代码

Main

```
int main(int argc,char * * argv)
{
    glutInit(&argc,argv);      // 初始化 OpenGL
    init();                    // 基本参数初始化
```

```
    arVideoCapStart();                // 摄像头开始工作
    argMainLoop( NULL,keyEvent,mainLoop );    // 主循环
return (0);                           // 返回 0
}
```

init：init 例程在 main 例程中被调用，它的作用是初始化视频捕捉以及读入 ARToolkit 应用的初始参数信息。

首先，视频通道被打开，确定视频图像大小：

```
if(arVideoOpen(vconf)＜0)exit(0);
  //获取窗口大小,出错退出
  if(arVideoInqSize(&xsize,&ysize)＜0)exit(0);
  printf("Image size(x,y) = ( ％d, ％d)\n",xsize,ysize);
  //初始化摄像头特征参数,这个参数可以用例子中的程序来得到
```

摄像机的参数信息通过默认的摄像机参数文件名 Data/camera_para.dat 被读入：

```
if(arParamLoad(cparam_name,1,&wparam)＜0)// 摄像头精度参数
{
      printf("Camera parameter load error !! \n");
      exit(0);
}
```

```
arParamChangeSize(&wparam,xsize,ysize,&cparam);// 参数根据图像大小改变
arInitCparam( &cparam );   // 初始化摄像头,参数显示在屏幕
printf(" ＊ ＊ ＊ Camera Parameter ＊ ＊ ＊\n");
      arParamDisp( &cparam );
```

通过默认的模板文件 Data/patt.hiro 读入模板的定义信息：

```
if( (patt_id = arLoadPatt(patt_name)) ＜ 0 ) {
      printf("pattern load error !! \n");
      exit(0);
    }
```

mainloop

ARToolkit 应用程序的大部分调用都在这个例程里完成。

首先通过函数 arVideoGetImage 来捕捉一个输入视频帧：

```
if( (dataPtr = (ARUint8 ＊)arVideoGetImage()) ＝＝ NULL )
{
      arUtilSleep(2);
```

```
// 这里是如果 2 ms 内没有获取图像则程序返回
        return;
    }
```

// 渲染前更新摄像头参数,主要是为渲染 2D 或 3D 对象做准备的

```
    argDrawMode2D();
    argDispImage(dataPtr,0,0);
```

// 在摄像头画面中检测标记图案,如果出错,程序退出

// 参数说明:dataPtr 帧数据,thresh 二值化闸值,&marker_info 标识特征信息

// &marker_num 标识数量

```
    if( arDetectMarker(dataPtr,thresh,&marker_info,&marker_num) < 0 ){
        cleanup();
        exit(0);
            }
```

arDetectMarker 被使用以搜索整个图像来寻找含有正确的标识模板的方块。找到的标识卡的数量被存放在变量 marker_num 里,同时 marker_info 是一个指向一列标识结构体的指针,这个结构体包含了坐标信息,识别可信度,以及每个标识对应的鉴定信息和物体。

```
arVideoCapNext();
```

// 获取下一帧图像

接下来,所有的已经探测到的标识的可信度信息被加以比较,最终确定正确的标识鉴定信息为可信度最高的标识的鉴定信息:

// 下面这部分是寻找标记图案的

```
    k = -1;
```

// k=-1 代表没有寻找到标记图案

```
    for(j = 0;j<marker_num;j + + ){
        if(patt_id = = marker_info[j].id){
            if(k = = -1)k = j;
            else if(marker_info[k].cf<marker_info[j].cf)k = j;
        }
    }
    if(k = = -1){
        argSwapBuffers();
```

// 屏幕缓冲

```
        return;
    }
```

标识卡和摄像机之间的转移信息可以通过使用函数 arGetTransMat 来获取:

arGetTransMat(&marker_info[k],patt_center,patt_width,patt_trans);

相对于标识物体 i 的真实的摄像机的位置和姿态包含在一个 3×4 的矩阵 patt_trans 中。

最后,使用绘图函数,虚拟物体可以被叠加在标识卡上:

```
draw();                    // 渲染模型
    argSwapBuffers(); // 屏幕缓冲
```

draw:函数 draw 分为显示环境初始化,设置矩阵,显示物体几个部分。可以使用 ARToolkit 显示一个三维物体并设置最小的 OpenGL 状态来初始化一个 3D 显示。

```
// 3D 绘图模式
    argDrawMode3D();
    argDraw3dCamera( 0,0 );
    glClearDepth( 1.0 );
    glClear(GL_DEPTH_BUFFER_BIT);
    glEnable(GL_DEPTH_TEST);
    glDepthFunc(GL_LEQUAL);
```

可用函数 argConvGlpara 来完成把转移矩阵(3×4 的矩阵)转化成 OpenGL 适用的格式(16 个值的向量)。

```
    argConvGlpara(patt_trans,gl_para);
    glMatrixMode(GL_MODELVIEW);
    glLoadMatrixd( gl_para );
// 灯光部分
    glEnable(GL_LIGHTING);
    glEnable(GL_LIGHT0);
    glLightfv(GL_LIGHT0,GL_POSITION,light_position);
    glLightfv(GL_LIGHT0,GL_AMBIENT,ambi);
    glLightfv(GL_LIGHT0,GL_DIFFUSE,lightZeroColor);
    glMaterialfv(GL_FRONT,GL_SPECULAR,mat_flash);
    glMaterialfv(GL_FRONT,GL_SHININESS,mat_flash_shiny);
    glMaterialfv(GL_FRONT,GL_AMBIENT,mat_ambient);
    glMatrixMode(GL_MODELVIEW);
// 模型的坐标(x,y,z)
    // 想使用自己的模型,或者修改坐标,就要操作下面这两个函数
    glTranslatef( 0.0,0.0,25.0 );
```

```
glutSolidCube(50.0);   // 绘制一个 50 的正方体
glDisable( GL_LIGHTING );
glDisable( GL_DEPTH_TEST );
```

cleanup

函数 cleanup 被调用的作用的停止视频处理以及关闭视频路径并释放它使其他的应用可以使用：

```
arVideoCapStop();     // 停止捕捉
arVideoClose();       // 关闭视频设备
argCleanup();         // 清理以及回收资源
```

案例四 基于 STM32 的实时语音传输系统设计

4.1 引　言

语音通信是一种非常基本的信息交换方式,广泛应用于许多领域,主要包括:音频信号的采集、处理、传输和接收。在运用语音通信的场景中,通常具有信息采集量大、语音质量难以保证以及声源位置非常分散等特点,音频信号的采集以及信号质量的保证就会受到限制。因此,利用无线通信来实现高质量的音频采集与传输是十分必要的。

无线传输技术具有极大的便利性,但是受距离的限制大,只适用于近距离的传输,远距离传输时往往会造成数据丢失,所以进行远距离传输时常常采用有线传输方式。随着移动互联网的迅速发展,通信和交流方式逐渐改变为利用网络进行通信。利用现有网络进行传输,解决了远距离无线传输时数据丢失的问题。

本案例旨在设计一个成本低且实用的实时语音传输系统,结合音频传输特点及易出现的问题,通过理论分析,采用模块化设计思想,以 ST 公司的中低端 STM32F103 单片机为核心,构建了一个结构小巧、功耗低、能够独立运行、低成本的实时语音传输系统,该系统能够利用无线和有线网络高质量传输音频信息。以太网有线网络可将数据实现远距离传输,无须单独铺设电缆,近距离通信可采用无线传输,具有较好的便利性。

4.2 系统设计方案

4.2.1 总体方案

本案例设计的实时语音传输系统,可实现有线和无线语音的高质量实时传输。硬件由发送端和接收端两部分组成,且两者有着完全一样的硬件结构,两者的区别只是运行的程序不同。

发送端,由高性能音频编解码芯片 VS1053B 进行语音采集和编码,STM32 处理器通过 SPI 接口对编码数据进行读取处理,然后利用无线模块 NRF24L01 和以太网模块 W5500 以无线或有线的模式进行传输。接收端接收数据后,由 STM32 处理器读取、处理后输入 VS1053B 解码并播放。实时语言传输系统框图如图 4-1 所示。

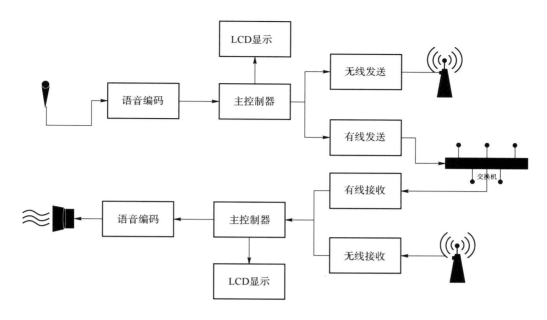

图 4-1　实时语音传输系统框图

4.2.2　方案论证

1. 语音采集和播放模块的论证与选择

方案一：采用 VS1053B 模块。VS1053B 是一款高性能、高性价比的音频编解码芯片，经咪头和线路输入音频信号后可实现立体声编码，录音的音频格式为 WAV 或 OGG，同时还支持多种音频格式的解码播放，支持音量可控和电源通断静音等功能。该模块通过 SPI 接口与单片机通信，连接简单，适合语音的采集和播放。

方案二：采用咪头和 LM324 构成的低通音频放大电路。LM324 是四运算放大器，内部包含的四个运算放大器结构完全相同，带宽增益积为 1.2 MHz，具有较宽的电压输入范围。LM324 与咪头组成的音频放大电路，可以实现语音信号的采集，LM324 与扬声器构成的音频放大电路可以用来播放语音，整体成本较低。

方案选择：方案二虽然成本较低，但 LM324 组成的语音采集和播放电路有着很大的噪声，需增加后级滤波电路，且信号被 AD 采集后需要进行编码处理。在将语音采集和播放高质量完成时远远不如方案一，方案一在实现语音信号的采集和编码时只需一块 VS1053B 和简单的外围电路，全数字结构便于处理器的下一步处理，非常符合本案例的要求。因此，选择方案一。

2. 控制器模块的论证与选择

方案一：以嵌入式单片机作为主控制器。意法半导体公司生产的 STM32F103 系列的 32 位 ARM 的平台具有很高的性价比、丰富的外设以及高度可扩展性，提供大量外设接口和 GPIO，而且采用 C 语言开发，降低了难度，适合开发无线语音传输系统。

方案二：以 DSP 作为系统的主控制器。DSP 芯片的内部的哈佛结构,程序存储器和数据存储器相互独立,集成了专用的浮点运算器,在完成各种数字信号处理算法时节省大量时间。而且每秒可运行上千万的指令程序,计算速度远远超过嵌入式微处理器,但成本较高程序复杂。

方案选择:虽然 DSP 在数据处理和运行速度方面的优点很突出,但方案一对于完全可以胜任本案例。考虑到控制系统实现的难易程度和整体成本,本案例选择方案一。

3. 有线模块的论证与选择

方案一:直接用双绞线通过 SPI、IIC 或 UART 协议传输,在使用时需要单独铺设电缆,成本较高且操作烦琐。

方案二:采用以 W5500 为主芯片的模块方案。W5500 是一种以太网控制芯片,因为集成了硬件化 TCP/IP 协议,所以单片机无须再处理这些底层协议,大大减少了单片机的压力。只需要通过使用几个简单的函数就能实现以太网的数据交换,且外部通过 SPI 与单片机相连结构简单。

方案选择:方案一采用双绞线,需要单独铺设电缆成本较高,且带宽有限不适合远距离传输。方案二采用以太网模块,可直接用网线接入现有的交换机或路由器便可通过局域网传输,数据传输稳定可靠且带宽较大,综合考虑,本案例选择方案二。

4. 无线模块的论证与选择

方案一:NRF24L01 无线模块方案。NRF24L01 是一款常用的单片无线收发芯片,工作频段为 2.4～2.5 GHz。芯片内部集成了频率发生器、调制解调器、功率放大器、模式控制器等,且支持 ACK(ACKnowledge Character)机制保证数据传输的准确无误,传输速率最大可支持 2 Mbit/s。该模块通过 SPI 总线与单片机相连,功耗极低、外形小巧、价格便宜,可满足语音传输的要求。

方案二:ESP8266 模块方案。ESP8266 是安可信公司出品的高性能 WiFi 芯片。芯片中内置了 TCP/IP 底层协议,并通过串口与外部通信,不需要了解其内部的协议和原理,只需要配置好单片机的串口,按照规定的格式将命令和数据发送给 ESP8266 模块就可以使用 WiFi 传输数据。

方案论证:方案一和方案二都可以满足本案例对语音数据无线传输的要求,但是方案一的成本远低于方案二,为了降低成本本案例选择方案一。

5. 显示模块的论证与选择

方案一:采用 12864 显示屏方案。LCD12864 液晶显示采用 ST7920 控制器的型号,屏幕集成了常用汉字和 ASCII 码库,驱动时无须再对汉字进行取模,屏幕共可以显示 32 个汉字或者 64 个 ASCII 码,使用时操作简单,而且价格便宜。

方案二:采用 TFT-LCD 液晶显示屏方案。薄膜晶体管在像素点上的(TFT)设置,

TFT-LCD 液晶显示屏非选通时,能够有效地避免像素点之间的串扰,因此,提高了图像的显示质量,是目前移动设备应用最多的液晶屏。

方案论证:12864 液晶屏为黑白显示,屏幕体积较大。2.8 寸的 TFT-LCD 分辨率为 320×240,较 12864 而言,可以显示更多的内容,且体积较小,综合考虑本案例采用方案二。

6. 输入模块的论证与选择

方案一:采用轻触按键输入方案。轻触按键是一种按压开关,按下和松开时分别表示开关接通和断开。轻触开关体积及价格方面优势显著,得到了广泛的应用。

方案二:采用 2.8 寸 TFT-LCD 液晶显示屏自带的触摸屏方案。没有实体按键,直接触摸屏幕即可实现各种操作,广泛地应用在移动设备中。

方案论证:方案一虽然具有体积小等优点,但是在应用中仍需要占用空间,当系统功能增多时需要增加按键的数量。方案二触摸屏直接贴附在显示屏上,基本不占用多余空间,直接轻触屏幕操作提高了人机交互的体验,综合考虑本案例采用方案二。

4.3　硬件系统设计

系统硬件由语音采集与播放模块、主控制器模块、无线模块和有线模块四个模块组成。无线模块、有线模块和语音模块都是通过 SPI 接口与单片机进行通信。语音模块主要用来采集、编码语音信号和解码播放语音信号;无线模块主要是对采集到的语音信号进行无线发送和接收;有线模块主要是对采集到的语音信号进行有线传输。

4.3.1　语音采集播放模块

本案例的语音采集编码和语音解码播放模块均采用 VS1053 模块,该模块可直接使用 5V 电压供电,通过 SPI 接口与 STM32 单片机连接,可同时实现语音信号的采集编码和解码播放,使本系统的发送端和接收端可以使用同一款模块。

VS1053 模块与 STM32 单片机之间通过 DREQ、XCS、SCK、XDCS、SO、SI 和 RST 共 7 根线连接。其中 SI 和 SO 分别是 VS1053 的 SPI 总线的数据写入和数据读出端口,读取从设备写入,表示从主设写入从设备读取。RST 是 VS1053 的硬件复位引脚,在 VS1053 工作时需要将此引脚设置为低电平。DREQ 的高低电平表示了 VS1053 是否空闲和繁忙,它们配合 XCS 引脚和 XDCS 引脚的使用完成不同的数据通信。VS1053 模块与单片机的连接如图 4-2 所示。

VS1053 的 SPI 数据和命令的传输,由 XDCS 控制。但是在进行数据和命令的传输时需要单片机判断 DREQ 电平的高低,当 DREQ 为低电平时表示 VS1053 处于繁忙状态无法正常接收数据和命令,只有当 DREQ 为高电平时表示 VS1053 处于空闲状态可以接受外部操作,此时才可以发送数据和命令,且每次只能发送 32 字节。

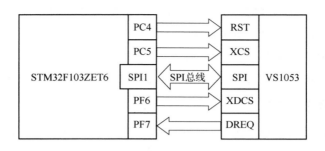

图 4-2 VS1053 引脚连接图

在使用 VS1053 进行 WAV 格式语音采集时,涉及的寄存器有 MODE(0X00)、AICTRL0(0X0C)、AICTRL1(0X0D)、AICTRL2(0X0E)和 AICTRL3(0X0F)共 5 个寄存器。

AICTRL0 寄存器(0X0C)该寄存器在录音的时候,用于设置采样率。

AICTRL1 寄存器(0X0D)该寄存器在录音的时候,用于设置录音增益(AGC)。

AICTRL2 寄存器(0X0E)该寄存器在录音的时候,用于设置录音增益(AGC)的最大值。

AICTRL3 寄存器(0X0F)用于设置声道和采集模式,本案例中采用单声道线性 PCM 模式。

SCI_HDAT0 和 SCI_HDAT1 是 VS1053 芯片的两个非常关键的寄存器,2048 个字节组成了 VS1053 的 PCM 采样缓冲区,在配置了 VS1053 的 PCM 录音模式后,SCI_HDAT0 寄存器存储了采集到的语音数据,SCI_HDAT1 寄存器中记录了 SCI_HDAT0 寄存器数据的多少。当 SCI_HDAT1 寄存器中的值大于 0 时,表示缓冲区中已经有至少 SCI_HDAT1 个 16 位数据编码好的语音数据,此时单片机就可以通过读 SCI_HDAT0 寄存器获得语音数据,但是当数据没有及时被读取时 SCI_HDAT0 寄存器就会溢出,返回空的状态。所以单片机在读取 VS1053 采集好的语音数据时,只需要先查询 SCI_HDAT1 寄存器的值,当 SCI_HDAT1 寄存器的值大于 16 时,从 SCI_HDAT0 寄存器连续读取 16 个 16 位的音频数据,然后再次查询 SCI_HDAT1 寄存器的值当 SCI_HDAT1 寄存器的值大于 16 时再次进行读取,根据这个步骤循环往复就能实现 PCM 数据的持续采集。

块的标识符(4BYTES)
数据大小(4BYTES)
数据

图 4-3 块的组成

VS1053 采集编码的数据类型为 WAV 格式,其扩展名为".wav",是常用的音频格式之一。WAV 格式的文件由文件头和数据构成,可分为四个 Chunk,按照在文件中的先后顺序为:①RIFF WAVE Chunk;②Format Chunk;③Fact Chunk(可选);④Data Chunk。每个块都由块标识符、数据大小和数据三部分组成,如图 4-3 所示。

4 个 ASCII 码构成块标识符,其后的数据长度由数据大小标出,并以字节为单位。

RIFF 块(RIFF WAVE Chunk),标识符为"RIFF",是 WAV 文件的大小,"WAVE"为其数据段,这就是 WAV 文件。Format 块(Format Chunk),此块的标识符为"fmt ",大多数

情况下,该段的大小为 16 个字节,但是有些软件生成的 WAV 文件,该块可能有 18 个字节。程序中构建 Format 块的结构体如下所示。

```
typedef __packed struct
{
        u32 ChunkID;            // 这里为定值即"fmt "
        u32 ChunkSize ;         // 子集合大小(不包括 ID 和 Size);
        u16 AudioFormat;        // 音频格式;一般为 0X0001,表示线性 PCM;
        u16 NumOfChannels;      // 1,表示单声道;2,表示双声道;
        u32 SampleRate;         // 采样率;0X1F40,表示 8 kHz
        u32 ByteRate;           // 字节速率 = 采样率×通道数×(ADC 位数/8)
        u16 BlockAlign;         // 块对齐(字节) = 通道数×(ADC 位数/8)
        u16 BitsPerSample;      // 单个采样的位数;16 位 PCM,设置为 16
        u16 ByteExtraData;      // 附加的数据字节;2 个;线性 PCM,没有这个参数
}ChunkFMT;
```

由 Format Chunk 结构可以看出此块及其重要,它保存了该 WAV 文件的采样率、字节速率、采样位数等重要信息。在进行 WAV 格式的音频解码播放时需要先将 Format Chunk 送给 VS1053,配置好解码参数。但是 Forma Chunk 的生成是在 Data Chunk 结束后保存该 WAV 文件时进行统计得到的,但是本案例进行的是实时语音传输,Data Chunk 不进行保存所以无法得到 Forma Chunk。因此,需要手动创建一个 WAV 文件头,本案例创建的 WAV 文件头如下:

wavheader[64] = {0X52,0X49,0X46,0X46,0XFF,0XFF,0XFF,0XFF,0X57,0X41,0X56,
        0X45, 0X66, 0X6D, 0X74, 0X20, 0x10, 0x00, 0x00, 0x00, 0x01, 0x00,
        0X01,0X00,0x40,0x1f,0x00,0x00,0x80,0x3e,0x00,0x00,0x02,0x00,
        0x10,0x00,0X64,0X61,0X74,0X61,0XFF,0XFF,0XFF,0XFF,0X00,
        0X00,0X00,0X00,0X00,0X00,0X00,0X00,0X00,0X00,0X00,0X00,
        0X00,0X00,0X00,0X00,0X00,0X00,0X00,0X00};

使用 VS1053 进行音频解码播放时,在配置好相应的寄存器后,当 DREQ 引脚为高电平时,首先将创建好的 wav 文件头数组向 VS1053 每次发送 32 个字节,待发送完成后 VS1053 会自动配置好 wav 音频解码的参数,接下来只需要循环发送 32 个字节的音频数据便可完成音频的解码播放。具体电路图如图 4-4 所示。

4.3.2 以太网有线传输模块

本案例采用 W5500 作为以太网控制器实现语音数据的有线传输模块,该模块同样集成了电源稳压电路可直接使用 5 V 供电。最重要的是,W5500 通过 SPI 接口与外部

主控制器连接。发送端 W5500 在 STM32 的控制下通过网线和交换机把语音数据发送给接收端，接收端的 W5500 模块收到语音数据后发送给 STM32 单片机。电路如图 4-5 所示。

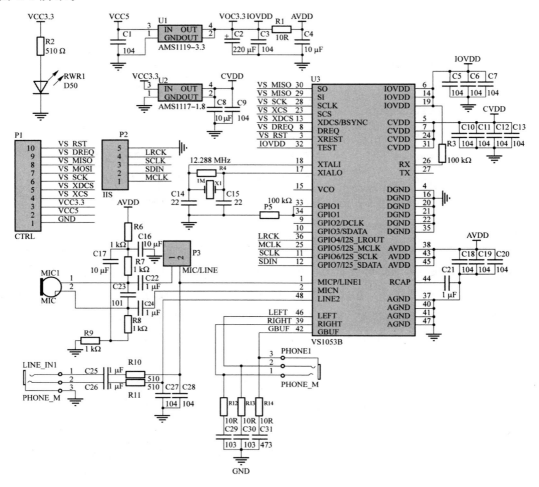

图 4-4　VS1053B 模块电路图

W5500 模块通过 MISO、MOSI、SCK、SCS 和 RST 共 5 根线与 STM32 单片机连接。RST 引脚是 W5500 的复位引脚且低电平有效，数据片选引脚是 SCS、MOSI、MISO 和 SCK 是 W5500 的 SPI 总线的数据线和时钟线，STM32 单片机通过 SPI 连接 W5500 模块的框图如图 4-6 所示。

4.3.3　无线通信电路设计

本系统采用 NRF24L01 作为无线通信电路的主芯片，该模块采用标准的 SPI 总线，3.3 V 供电。STM32 单片机通过 NRF24L01 以无线传输的方式将语音数据发送至接收端，接收端 NRF24L01 在 STM32 单片机的控制下，接收语音信号。电路如图 4-7 所示。

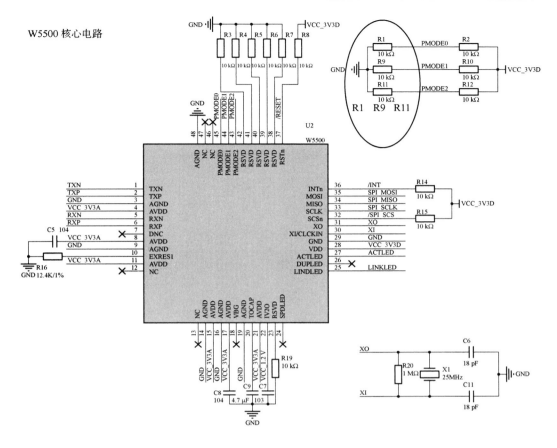

图 4-5　以太网有线传输模块电路图

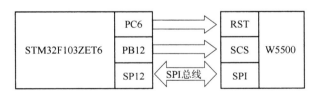

图 4-6　W5500 引脚连接图

NRF24L01 无线模块通过 IRQ、CE、CSN、MOSI、MISO 和 SCK 共 6 根线与 STM32 单片机连接。NRF24L01 无线模块进行传输时需要将 CSN 电平拉低,此时 CE 模式控制线配合寄存器共同决定 NRF24L01 的模式,IRQ 为模块的中断信号引脚,同样的 MOSI、MISO 和 SCK 是 W5500 的 SPI 总线的数据线和时钟线,与 STM32 单片机的连接如图 4-8 所示。

4.3.4　触控显示模块电路设计

本案例采用 2.8 寸 TFT-LCD 触控液晶屏,16 位色彩色显示和触控输入功能使得人机交互更加绚丽快捷。显示模块与控制模块连接原理图如图 4-9 所示。

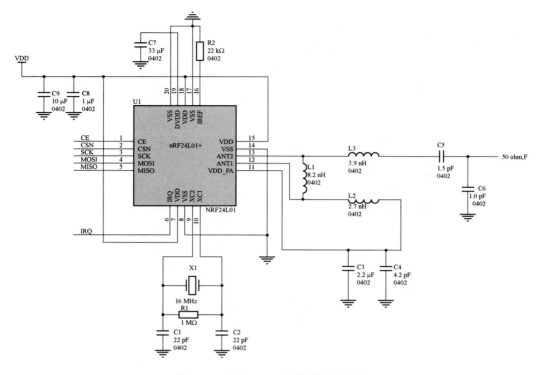

图 4-7 NRF24L01 无线模块电路图

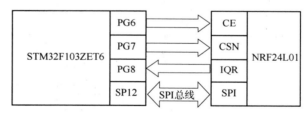

图 4-8 NRF24L0 模块连接图

FSMC_NE4	LCD		FSMC_A10
FSMC_NWE	1	2	FSMC_NOE
RESET	3	4	FSMC_D0
FSMC_D1	5	6	FSMC_D2
FSMC_D3	7	8	FSMC_D4
FSMC_D5	9	10	FSMC_D6
FSMC_D7	11	12	FSMC_D8
FSMC_D9	13	14	FSMC_D10
FSMC_D11	15	16	FSMC_D12
FSMC_D13	17	18	FSMC_D14
FSMC_D15	19	20	GND
LCD_BL	21	22	VCC3.3
VCC3.3	23	24	GND
GND	25	26	VCC5
T_MISO	27	28	T_MOSI
T_PEN	29	30	
T_CS	31	32	T_SCS
	33	34	

图 4-9 LCD 液晶屏连接原理图

4.4　系统软件设计

本系统的软件部分包括,语音采集发送端程序和接收播放端程序。发送端的程序用于语音数据的编码发送和人机交互。接收端的程序用于接收语音数据并进行解码播放,从而完成语音的实时传输。

4.4.1　发送端软件设计

发送端程序的实现思路:STM32 初始化后,根据用户选择的语音传输模式,单片机选择有线或无线连接模式,连接成功后,系统读取语音模块语音编码数据,然后,将数据发送给接收端。发送端程序流程图如图 4-10 所示。

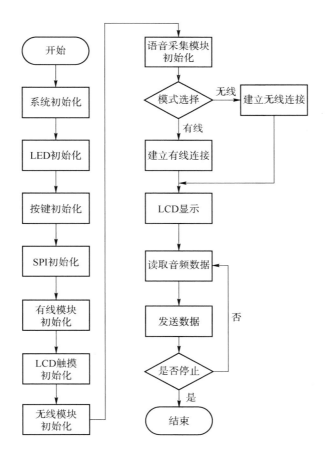

图 4-10　发送端程序流程图

4.4.2　接收端软件设计

接收端程序实现过程:STM32 初始化完成后,等待发送端的连接,连接成功后,系统开始读取缓冲区中的语音数据,然后发送至 VS1053B 进行解码播放。接收端程序流程图如图 4-11 所示。

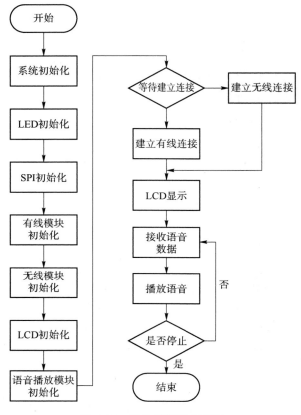

图 4-11　接收端程序流程图

4.5　实时语音传输系统实现

4.5.1　硬件系统的实现

本案例的硬件系统由发送端和接收端组成,采用模块化设计,主要模块为 VS1053 模块、W5500 模块、NRF24L01 模块和 STM32 单片机模块。

1. 语音采集播放模块

本案例采用 VS1053 模块,通过 STM32 单片机的控制实现语音的高质量采集和播放,VS1053 模块实物图如图 4-12 所示。

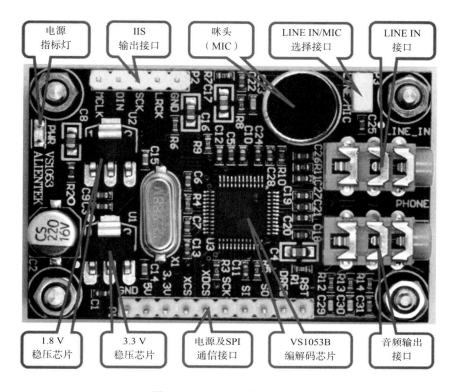

图 4-12　VS1053 模块实物图

2. 有线通信模块

本案例采用 W5500 模块，通过 STM32 单片机的控制实现语音数据的有线传输，W5500 模块实物图如图 4-13 所示。

图 4-13　W5500 模块实物图

3. 无线通信模块

本案例采用 NRF24L01 模块,通过 STM32 单片机的控制实现语音数据的无线传输,NRF24L01 模块实物图如图 4-14 所示。

图 4-14　NRF24L01 模块实物图

4.5.2　系统实现

本案例由 STM32F103ZET 控制器完成各个模块的初始化和配置,完成语音信号的采集、传输和播放。

1. 语音发送

发送端主操作界面发送端如图 4-15 所示,用来选择数据传输模式。

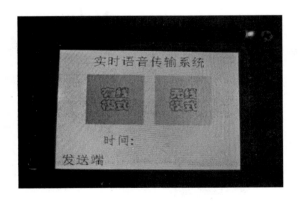

图 4-15　主操作界面发送端

选择有线模式传输时,有线模式方框变绿时,表示正在进行有线语音传输,图 4-16 所示的时间为当前模式下的传输时间。

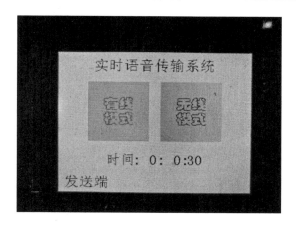

图 4-16　有线模式传输发送端界面

选择无线模式传输时,无线模式方框变绿表示正在进行有线语音传输,图 4-17 所示的时间为当前模式下的传输时间。

图 4-17　无线模式传输发送端界面

2. 语音接收

接收端触摸屏无法操作,只做显示使用,接收端初始化界面如图 4-18 所示。

图 4-18　接收端初始化界面

当发送端选择有线模式时,接收端有线模式界面如图 4-19 所示。

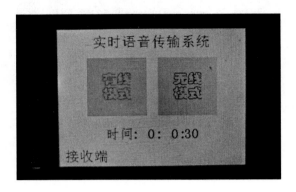

图 4-19　接收端有线模式界面

当发送端选择无线模式时,接收端无线模式界面如图 4-20 所示。

图 4-20　接收端无线模式界面

案例五　六自由度机器人运动控制系统的设计

5.1　引　言

改革开放以后,我国工业得到快速发展成为了世界制造强国,机器人凭借着先天的优势成为了工厂中不可或缺的重要角色。工厂中大量的重复性劳动,需要占用大量的人类劳动力,机器人的发明有效地改善了这一局面,机器人最擅长的莫过于重复性的劳动,他们可以不知疲倦地一直工作,大大提高了工厂的生产效率。但是机器人价格昂贵,使用的大多数为海外大工厂,对于国内的诸多小工厂是无力承受。

在国外,工业机器人已经有了近70年的发展历程,机器人的控制技术得到了迅速的发展。大多数公司掌握了基本的运控控制技术,所开发的机器人已经可以很好地配合人类完成工作,替代人类去执行一些相对危险、环境恶劣的特殊任务。国外的工业机器人技术已经不再满足于基本的运动控制,开始朝着高精度、高速度、高稳定性等的方向发展。在控制技术的发展历程中,逐渐形成了一大批有影响力的工业机器人公司如 ABB Robotics(瑞典),FANUC、Yaskawa(日本),KUKA Roboter(德国)等,这些公司有着深厚的技术积累,已经成为当地的支柱性产。

20世纪90年代,我国工业机器人才得以发展,虽然我国大力发展机器人,但是因为起步晚,以及国外对关键技术的封锁,我国机器人产业的发展仍远远落后于欧美发达国家。海外品牌的工业机器人因为售价昂贵和售后维修烦琐耗费时间等问题,无法满足国内市场对工业机器人的需求。目前我国对自动化设备有着极大的需求,所以工业机器人的研发已经迫在眉睫。

本案例以结构简单和成本低廉为目标,设计的六自由度机器人运动控制系统,有效地降低了机器人控制系统引进工厂的成本,进一步将传统制造业转型为智能化、自动化生产,有着重要的应用价值。本案例研究的六自由度工业机械臂,是由多个连杆和关节组成的机械臂,采用 D－H 模型建立机器人的正逆运动学方程。机器人的正逆运动学表示的是机械臂的运动状态,正运动学是根据机器人自身的硬件参数如连杆长度和偏距等,根据各个关节转角计算机器人的末端位姿。逆运动学是正运动学的逆运算,结合机器人末端位姿,求解各个关节转角的值。本案例采用分离变量法进行变量的求解,降低了控制系统的运算量,进而可以采用低性能的处理器进行硬件系统的设计,大幅降低了成本。另外,为了验证计算结果的正确性,利用 MATLAB 机器人工具箱对计算结果进行验证,保证结果的准确无误,确保控制系统能够准确控制机器人运动。

5.2　机器人运动学方程求解

本节介绍直角坐标系与运动坐标系的矩阵变换原理,采用 D-H 模型对已有的机器人建立正逆运动学方程,并详细地描述了正运动学解和逆运动学解的求解过程。

5.2.1　直角坐标系到运动坐标系的矩阵变换

假设起始于原点的向量,可表示为

$$\boldsymbol{P} = a_x \boldsymbol{i} + b_y \boldsymbol{j} + c_z \boldsymbol{k} \tag{5-1}$$

式中,a_x、b_y 和 c_z 是向量 $\boldsymbol{P}$ 在参考坐标系中的三个分量,矩阵表示形式为

$$\boldsymbol{P} = \begin{bmatrix} a_x \\ b_y \\ c_z \end{bmatrix} \tag{5-2}$$

在式(5-2)中引入一个比例因子 ω,P_x、P_y 和 P_z 分别除以 ω 就可得到 a_x、b_y 和 c_z,向量 $\boldsymbol{P}$ 可表示为

$$\boldsymbol{P} = \begin{bmatrix} P_x \\ P_y \\ P_z \\ \omega \end{bmatrix}, a_x = \frac{P_x}{\omega}, b_y = \frac{P_y}{\omega}, c_z = \frac{P_z}{\omega} \tag{5-3}$$

当 $\omega = 0$ 时,a_x、b_y 和 c_z 为无穷大时,同样的 P_x、P_y 和 P_z 也表示一个无穷长的向量,可以用来表示坐标系。

坐标系由三个互相垂直的向量表示,本案例用 x、y 和 z 轴表示固定的参考坐标系 $F_{x,y,z}$,用 n、o 和 a 轴表示相对于 $F_{x,y,z}$ 的另外一个运动坐标系 $F_{n,o,a}$。

如果要准确地描述运动坐标系相对于参考坐标系的位置,就要确定运动坐标系的原点和坐标轴方向。参考坐标系的三个分量表示运动坐标系的位置,另外一个向量确定运动坐标系。这样就可用由 3 个表示方向的单位向量和第 4 个位置向量表示运动坐标系,如式(5-4)所示。

$$\boldsymbol{F} = \begin{bmatrix} n_x & o_x & a_x & p_x \\ n_y & o_y & a_y & p_y \\ n_z & o_z & a_z & p_z \\ 0 & 0 & 0 & 1 \end{bmatrix} \tag{5-4}$$

5.2.2 D-H 模型建立机器人运动学方程

对机器人的构型进行建模,最常用的是 D—H 模型法,该模型描述的是相邻关节坐标系的变换关系,适用于任何构型的机器人。六自由度机器人如图 5-1 所示。

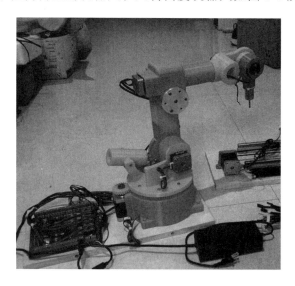

图 5-1 六自由度机器人

相邻关节坐标系的变换关系可以用一个四维齐次矩阵表示,即

$$
{}^{n}\boldsymbol{T}_{n+1} = \boldsymbol{A}_{n+1} =
\begin{bmatrix}
C\theta_{n+1} & -S\theta_{n+1}C\alpha_{n+1} & S\theta_{n+1}S\alpha_{n+1} & a_{n+1}C\theta_{n+1} \\
S\theta_{n+1} & C\theta_{n+1}C\alpha_{n+1} & -C\theta_{n+1}S\alpha_{n+1} & a_{n+1}S\theta_{n+1} \\
0 & S\alpha_{n+1} & C\alpha_{n+1} & d_{n+1} \\
0 & 0 & 0 & 1
\end{bmatrix}
\tag{5-5}
$$

机器人 D—H 参数如表 5-1 所示,其中,θ 为关节角,α 表示机械臂的连杆转角,a 表示相邻关节间连杆的长度,d 是相邻关节间连杆的偏移量。将表 5-1 中的机器人数据代入式(5-5)中即可得到相邻关节间的变换矩阵,如式(5-6)所示。

表 5-1 D—H 参数表

连杆	转角 $\theta_n/(°)$	偏距 d_n	杆长 a_n	扭角 $\alpha_n/(°)$
0—1	θ_1	d_1	a_1	90
1—2	θ_2	0	a_2	0
2—3	θ_3	0	a_3	90
3—4	θ_4	d_4	0	—90
4—5	θ_5	0	0	90
5—6	θ_6	0	0	0

将表 5-1 中的 D−H 参数代入齐次矩阵(5-5)中,可得相邻关节间的齐次变换矩阵,即

$$
\boldsymbol{A}_1 = \begin{bmatrix} C_1 & 0 & S_1 & a_1 C_1 \\ S_1 & 0 & -C_1 & a_1 S_1 \\ 0 & 1 & 0 & d_1 \\ 0 & 0 & 0 & 1 \end{bmatrix} \quad
\boldsymbol{A}_2 = \begin{bmatrix} C_2 & -S_2 & 0 & a_2 C_2 \\ S_2 & C_2 & 0 & a_2 S_2 \\ 0 & 0 & 1 & 0 \\ 0 & 0 & 0 & 1 \end{bmatrix}
$$

$$
\boldsymbol{A}_3 = \begin{bmatrix} C_3 & 0 & S_3 & a_3 C_3 \\ S_3 & 0 & -C_3 & a_3 S_3 \\ 0 & 1 & 0 & 0 \\ 0 & 0 & 0 & 1 \end{bmatrix} \quad
\boldsymbol{A}_4 = \begin{bmatrix} C_4 & 0 & -S_4 & 0 \\ S_4 & 0 & C_4 & 0 \\ 0 & -1 & 0 & d_4 \\ 0 & 0 & 0 & 1 \end{bmatrix} \tag{5-6}
$$

$$
\boldsymbol{A}_5 = \begin{bmatrix} C_5 & 0 & S_5 & 0 \\ S_5 & 0 & -C_5 & 0 \\ 0 & 1 & 0 & 0 \\ 0 & 0 & 0 & 1 \end{bmatrix} \quad
\boldsymbol{A}_6 = \begin{bmatrix} C_6 & -S_6 & 0 & 0 \\ S_6 & C_6 & 0 & 0 \\ 0 & 0 & 1 & 0 \\ 0 & 0 & 0 & 1 \end{bmatrix}
$$

5.2.3 六轴工业机器人运动学

求解工业机器人正运动学的过程为,由给定的工业机器人的连杆参数和关节转角值,求出工业机器人末端执行器的位姿的矩阵方程。由式(5-6)的六个齐次方程依次相乘,即可得到机器人基座坐标 R 到机械臂末端 H 的变换矩阵,如式(5-7)所示。

$$
{}^R\boldsymbol{T}_H = A_1 A_2 A_3 A_4 A_5 A_6 = \begin{bmatrix} n_x & o_x & a_x & p_x \\ n_y & o_y & a_y & p_y \\ n_z & o_z & a_z & p_z \\ 0 & 0 & 0 & 1 \end{bmatrix} \tag{5-7}
$$

式中:

$n_x = C_6 C_5 (S_4 S_1 + C_4 C_1 C_{23}) - C_6 S_5 C_1 S_{23} + S_6 (S_1 C_4 - S_4 C_1 C_{23})$

$n_y = C_6 (C_5 C_4 S_1 C_{23} - S_5 S_1 S_{23} - C_5 S_4 C_1) - S_6 (S_4 S_1 C_{23} + C_4 C_1)$

$n_z = C_6 (C_5 C_4 S_{23} + S_5 C_{23}) - S_6 S_4 S_{23}$

$o_x = -S_6 C_5 (C_4 C_1 C_{23} + S_4 C_1) + S_6 S_5 C_1 S_{23} + C_6 (S_1 C_4 - S_4 C_1 C_{23})$

$o_y = -S_6 (C_5 C_4 S_1 C_{23} - S_5 S_1 S_{23} - C_5 S_4 C_1) - C_6 (S_4 S_1 C_{23} + C_4 C_1)$

$o_z = -S_6 (C_5 C_4 S_{23} + S_5 C_{23}) - C_6 S_4 S_{23}$

$a_x = S_5 (C_4 C_1 C_{23} + S_1 S_4) + C_5 C_1 S_{23}$

$a_y = S_5 (C_4 S_1 C_{23} - C_1 S_4) + C_5 S_1 S_{23}$

$a_z = S_5 C_4 S_{23} - C_5 C_{23}$

$$p_x = C_1(d_4 S_{23} + a_3 C_{23} + a_2 C_2 + a_1)$$

$$p_y = S_1 S_{23} d_4 + a_3 S_1 C_{23} + a_2 S_1 C_2 + a_1 S_1$$

$$p_z = -C_{23} d_4 + a_3 S_{23} + a_2 S_2 + d_1$$

式中：$C_n = \cos \theta_n$，$S_n = \sin \theta_n$，$S_{ij} = \sin(\theta_i + \theta_j)$，$C_{ij} = \cos(\theta_i + \theta_j)$。

5.2.4　六轴工业机器人逆运动学

工业机器人逆运动学的求解过程为，由机械臂的连杆参数和末端执行器的位姿矩阵方程，求解出机器人各个关节的转动角度。在实际的应用中，机器人各个关节转动的角度决定了末端的位姿，因此，需要求解出机器人各个关节需要转动的角度，也就是机器人的逆运动学解。

本案例采用分离变量法求解工业机器人的逆运动学解，求解过程如下。

（1）求解关节角 θ_1

对公式（5-7）两侧左乘 A_1^{-1}，可得

$$A_1^{-1R}T_H = A_2 A_3 A_4 A_5 A_6 \tag{5-8}$$

式（5-8）展开后，可得

$$A_1^{-1R}T_H = \begin{bmatrix} n_x C_1 + n_y S_1 & o_x C_1 + o_y S_1 & a_x C_1 + a_y S_1 & p_x C_1 + p_y S_1 - a_1 \\ n_z & o_z & a_z & p_z - d_1 \\ n_x S_1 - n_y C_1 & o_x S_1 - o_y C_1 & a_x S_1 - a_y C_1 & p_x S_1 - p_y C_1 \\ 0 & 0 & 0 & 1 \end{bmatrix}$$

$$= \begin{bmatrix} C_{23}(C_4 C_5 C_6 - S_4 S_6) - S_{23} S_5 C_6 & S_{23} S_5 S_6 - C_{23}(C_4 C_5 S_6 + S_4 C_6) & C_{23} C_4 S_5 + S_{23} C_5 & a_2 C_2 + a_3 C_{23} + d_4 S_{23} \\ S_{23}(S_5 S_6 - C_4 C_5 C_6 - S_4 S_6) & -S_{23}(C_4 C_5 S_6 + S_4 C_6) - C_{23} S_5 S_6 & S_{23} C_4 S_5 - C_{23} C_5 & a_3 S_{23} + a_2 S_2 - d_4 C_{23} \\ S_4 C_5 C_6 + C_4 S_6 & C_4 C_6 - S_4 C_5 S_6 & S_4 S_5 & 0 \\ 0 & 0 & 0 & 1 \end{bmatrix}$$

$$\tag{5-9}$$

将式（5-9）左右两边的元素（3,4）对应相等可得

$$p_x S_1 - p_y C_1 = 0 \tag{5-10}$$

对式（5-10）进行变换，可求出关节角 θ_1 为

$$\theta_1 = \arctan\left(\frac{p_y}{p_x}\right) \tag{5-11}$$

（2）求解关节角 θ_3

将公式（5-9）左右两边矩阵的元素（1,4）和元素（2,4）对应相等，可得两个等式：

$$p_x C_1 + p_y S_1 = a_3 C_{23} + a_2 C_2 + d_4 S_{23} - a_1 \tag{5-12}$$

$$p_z = a_3 S_{23} + a_2 S_2 - d_4 C_{23} + d_1 \tag{5-13}$$

将式(5-12)和式(5-13)平方相加后得

$$(p_xC_1+p_yS_1-a_1)^2+(p_z-d_1)^2=a_2^2+a_3^2+d_4^2+2\,a_2(a_3\cos\theta_3+d_4\sin\theta_3) \quad (5\text{-}14)$$

求解公式(5-14),可得

$$\theta_3=\arcsin\frac{((p)_xC_1+p_yS_1-a_1)^2+(p_z-d_1)^2-(a_2^2+a_3^2+d_4^2)}{2\,a_2\,\sqrt{a_3^2+d_4^2}}-\arctan\left(\frac{a_3}{d_4}\right) \quad (5\text{-}15)$$

(3)求解关节角θ_2

对公式(5-7)两侧左乘$\boldsymbol{A}_3^{-1}\boldsymbol{A}_2^{-1}\boldsymbol{A}_1^{-1}$,可得

$$\boldsymbol{A}_3^{-1}\boldsymbol{A}_2^{-1}\boldsymbol{A}_1^{-1R}\boldsymbol{T}_H=\boldsymbol{A}_4\boldsymbol{A}_5\boldsymbol{A}_6 \quad (5\text{-}16)$$

展开式(5-16)可得

$$\boldsymbol{A}_4\boldsymbol{A}_5\boldsymbol{A}_6=\begin{bmatrix} C_1C_{23} & S_1C_{23} & S_{23} & -a_3-a_1C_{23}-d_1S_{23}-a_2C_3 \\ S_1 & -C_1 & 0 & 0 \\ C_1S_{23} & S_1S_{23} & -C_{23} & d_1C_{23}-a_1S_{23}-a_2S_3 \\ 0 & 0 & 0 & 1 \end{bmatrix}\begin{bmatrix} n_x & o_x & a_x & p_x \\ n_y & o_y & a_y & p_y \\ n_z & o_z & a_z & p_z \\ 0 & 0 & 0 & 1 \end{bmatrix}$$

$$=\begin{bmatrix} C_4C_5C_6-S_4S_6 & -C_4C_5S_6-S_4C_6 & C_4S_5 & 0 \\ S_4C_5C_6+C_4S_6 & C_4C_6-S_4C_5S_6 & S_4S_5 & 0 \\ -S_5C_6 & S_5S_6 & C_5 & d_4 \\ 0 & 0 & 0 & 1 \end{bmatrix} \quad (5\text{-}17)$$

将式(5-17)等号左右两边的矩阵中的元素(1,4)和元素(2,4)对应相等可得

$$a_3=p_xC_1C_{23}+p_yS_1C_{23}+p_zS_{23}-a_1C_{23}-d_1S_{23}-a_2C_3 \quad (5\text{-}18)$$

$$d_4=p_xC_1S_{23}+p_yp_y-p_zC_{23}+d_1C_{23}-a_1S_{23}-a_2S_3 \quad (5\text{-}19)$$

将式(5-18)和式(5-19)平方后相加得

$$a_3{}^2+d_4{}^2=p_x{}^2C_1{}^2+p_y{}^2S_1{}^2+p_z{}^2+a_1{}^2+a_2{}^2+d_1{}^2+2(p_xp_yC_1S_1-p_xC_1a_1$$

$$-p_yS_1a_1-p_zd_1+a_2(a_1-C_1p_x-p_yS_1)\sin\theta_2+a_2(d_1-p_z)\cos\theta_2) \quad (5\text{-}20)$$

将式(5-20)利用辅助角公式化简得

$$A=a_2(a_1-C_1p_x-p_yS_1)$$

$$B=a_2(d_1-p_z)$$

$$\theta_2=\arcsin\frac{a_3{}^2+d_4{}^2-(p_x{}^2C_1{}^2+p_y{}^2S_1{}^2+p_z{}^2+a_1{}^2+a_2{}^2+d_1{}^2)}{(2-p_xp_yC_1S_1+p_xC_1a_1+p_yS_1a_1+p_zd_1)\sqrt{B^2+A^2}}-\arctan\frac{A}{B} \quad (5\text{-}21)$$

(4)求解关节角θ_4

将式(5-17)左右两边矩阵元素(1,3)和元素(3,3)对应相等,可得

$$C_4S_5=C_{23}(a_xC_1-a_yS_1)+a_zS_{23} \quad (5\text{-}22)$$

$$S_4 S_5 = a_x S_1 - a_y C_1 \tag{5-23}$$

公式(5-23)除以式(5-22)，化简可得关节角θ_4为

$$\theta_4 = \arctan \frac{a_x S_1 - a_y C_1}{C_{23}(a_x C_1 - a_y S_1) + a_z S_{23}} \tag{5-24}$$

(5)求解关节角θ_5

公式(5-7)两侧左乘$\boldsymbol{A}_4^{-1}\boldsymbol{A}_3^{-1}\boldsymbol{A}_2^{-1}\boldsymbol{A}_1^{-1}$，可得

$$\boldsymbol{A}_4^{-1}\boldsymbol{A}_3^{-1}\boldsymbol{A}_2^{-1}\boldsymbol{A}_1^{-1R}\boldsymbol{T}_H = \boldsymbol{A}_5 \boldsymbol{A}_6 \tag{5-25}$$

将式(5-25)展开后，令矩阵中元素(1,3)和元素(2,3)对应相等，可得

$$S_5 = a_x(C_1 C_{23} C_4 + S_1 S_4) + a_y(S_1 C_{23} C_4 - C_1 S_4) + a_z S_{23} C_4 \tag{5-26}$$

$$-C_5 = a_x C_1 S_{23} + a_y S_1 S_{23} - a_z C_{23} \tag{5-27}$$

公式(5-26)除以公式(5-27)，化简可得关节角θ_5为

$$\theta_5 = \arctan \frac{a_x(C_1 C_{23} C_4 + S_1 S_4) + a_y(S_1 C_{23} C_4 - C_1 S_4) + a_z S_{23} C_4}{a_x C_1 S_{23} + a_y S_1 S_{23} - a_z C_{23}} \tag{5-28}$$

(6)求解关节角θ_6

公式(5-7)两侧左乘$A_5^{-1}A_4^{-1}A_3^{-1}A_2^{-1}A_1^{-1}$，可得

$$A_5^{-1}A_4^{-1}A_3^{-1}A_2^{-1}A_1^{-1R}T_H = A_6 \tag{5-29}$$

将式(5-29)展开，令矩阵中元素(1,1)和元素(3,1)对应相等，可得

$$C_6 = -n_x(C_1 S_{23} S_5 - C_1 C_{23} C_4 C_5 - S_1 S_4 C_5) - n_y(S_1 S_{23} S_5 - S_1 C_{23} C_4 C_5 + C_1 S_4 C_5)$$
$$+ n_z(C_{23} S_5 + S_{23} C_4 C_5) \tag{5-30}$$

$$S_6 = -n_x(C_1 C_{23} S_4 - S_1 C_4) - n_y(S_1 C_{23} S_4 + C_1 C_4) - n_z S_{23} S_4 \tag{5-31}$$

令$A = C_1 S_{23} S_5 - C_1 C_{23} C_4 C_5 - S_1 S_4 C_5$，$B = S_1 S_{23} S_5 - S_1 C_{23} C_4 C_5 + C_1 S_4 C_5$，$C = C_{23} S_5 + S_{23} C_4 C_5$，公式(5-31)除以式(5-30)，化简可得关节角θ_6为

$$\theta_6 = \arctan \frac{-n_x(C_1 C_{23} S_4 - S_1 C_4) - n_y(S_1 C_{23} S_4 + C_1 C_4) - n_z S_{23} S_4}{-n_x A - n_y B + n_z C} \tag{5-32}$$

从式(5-8)到式(5-32)的计算，得到了六个关节转角的表达式，可得图5-1机器人的逆运动学解。

5.2.5　关节空间的轨迹规划

如何把机器人的末端从 A 点平稳地移到 B 点，运动过程称之为轨迹规划。目前大多采用五次多项式对机器人进行关节空间轨迹规划。当多项式阶次较低时，求导后加速度为一

个常数,意味着在运动时加速度不能从 0 开始,这样会增加驱动电动机的压力,当阶次过高时,会增大计算量,机器人的运动速度将无法保障。

求解五次多项式的六个已知条件为

①$\theta(0) = \theta_0$　起点角度;

②$\theta(t_f) = \theta_f$　终点角度;

③$\dot{\theta}(0) = \dot{\theta}_0$　起点速度;

④$\dot{\theta}(t_f) = \dot{\theta}_f$　终点速度;

⑤$\ddot{\theta}(0) = \ddot{\theta}_0$　起点加速度;

⑥$\ddot{\theta}(t_f) = \ddot{\theta}_f$　终点加速度。 (5-33)

由六个已知条件所确定的五次多项式为

$$\theta(t) = a_0 + a_1 t + a_2 t^2 + a_3 t^3 + a_4 t^4 + a_5 t^5 \tag{5-34}$$

对式(5-34)求导数,可得速度函数为

$$\dot{\theta}(t) = a_1 + 2a_2 t + 3a_3 t^2 + 4a_4 t^3 + 5a_5 t^4 \tag{5-35}$$

对式(5-35)求导数,可得加速度函数为

$$\ddot{\theta}(t) = 2a_2 + 6a_3 t + 12a_4 t^2 + 20a_5 t^3 \tag{5-36}$$

将式六个已知条件代入式(5-34)至(5-36),可求得系数a_0、a_1、a_2、a_3、a_4 和 a_5 的值,即可得到表示角度、角速度和角加速度的表达式。

5.3　机器人运动学 MATLAB 仿真

5.3.1　机械臂模型

MATLAB 的机器人工具箱可用于机器人的运动学仿真,为机器人的仿真提供了丰富的函数,其中的 SerialLink 和 Link 函数可用于建立机器人处于零点位置的模型,plot(theta)函数用于显示机器人模型的位姿,theta 为机械臂六个关节的角度值,teach(theta)函数可显示机器人末端的坐标值和欧拉角。

在 MATLAB 的工作环境下,使用 Link 函数调用表 5-1 中的 D—H 参数就可以建立一个机械臂仿真模型,机器人在六个关节都为 0 时的姿态如图 5-2 所示,x、y 和 z 表示机器人末端的位置,R、P 和 Y 表示机器人末端的姿态。

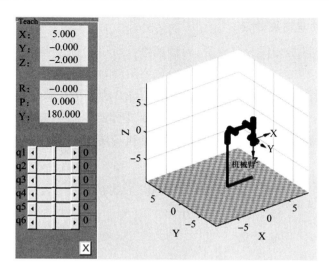

图 5-2　六自由度机器人模型

5.3.2　机器人正逆运动学仿真验证

1. 机器人正运动学仿真验证

为了验证工业机器人正运动学矩阵方程的正确性,本案例采用对比法,首先给定各个关节轴转动的角度值,代入式(5-7)求解出工业机器人末端执行器的位姿矩阵,然后把同样的角度值代入 MATLAB 程序中进行求解,若两种方式计算出的末端执行器的位姿矩阵相同,则可证明正运动学矩阵方程的解是正确的,否则该方程则是错误的。

fkine()函数可以用来求解机器人的正运动学解,调用格式为:T＝X. fkine(theta),X 表示建立的机械臂模型,theta 为机械臂六个关节的转角值,T 为 theta 角度值下的正解,随意取 theta＝[pi/3 pi/6 pi/6 −pi/6 pi/3 pi/6]。代入 robot. fkine(),得出齐次变换矩阵为

$$
\boldsymbol{T} = \begin{bmatrix} 0.0190 & 0.9994 & -0.0290 & 0.7052 \\ -0.4001 & -0.0190 & -0.9163 & 1.2215 \\ 0.9163 & -0.0290 & 0.3995 & 0.5532 \\ 0 & 0 & 0 & 1.000 \end{bmatrix}
$$

将 theta 代入式(5-7)位姿矩阵可得

$$
{}^{R}\boldsymbol{T}_{H} = A_1 A_2 A_3 A_4 A_5 A_6 = \begin{bmatrix} 0.0190 & 0.9994 & -0.0290 & 0.7052 \\ -0.4001 & -0.0190 & -0.9163 & 1.2215 \\ 0.9163 & -0.0290 & 0.3995 & 0.5532 \\ 0 & 0 & 0 & 1.000 \end{bmatrix}
$$

由以上可知,末端执行器的位姿矩阵和仿真结果相同,说明本案例中工业机器人正运动学矩阵的解是正确的。

2. 机器人逆运动学仿真验证

本节采用与上一段落相同的对比法，通过理论分析以验证工业机器人逆运动学矩阵方程的正确性。首先，给出工业人末端执行器的位姿矩阵，代入本案例5.2.4节求解的各个关节转动角度值，然后把同样的位姿矩阵代入 MATLAB 程序中求解，对比结果是否相同。

利用机器人工具箱中的 T1＝X.ikine(T) 函数进行逆运动学求解，为方便对比，本案例将正运动学计算得到的结果，作为工业机器人末端执行器的位姿矩阵：

$$^{R}\boldsymbol{T}_{H} = \begin{bmatrix} 0.0190 & 0.9994 & -0.0290 & 0.7052 \\ -0.4001 & -0.0190 & -0.9163 & 1.222 \\ 0.9163 & -0.0290 & 0.3995 & 0.5532 \\ 0 & 0 & 0 & 1.000 \end{bmatrix}$$

代入 robot.fkine，可得机器人各个关节的角度值为

$$T1 = [1.0472 \quad 0.5236 \quad 0.5236 \quad -0.5236 \quad 1.0472 \quad 0.5236]$$

代入 5.2.4 节逆运动学解，可得

$$IKINE = [1.0472 \quad 0.5236 \quad 0.5236 \quad -0.5236 \quad 1.0472 \quad 0.5236]$$

将上述计算化为角度：

$$[1.0472 \quad 0.5236 \quad 0.5236 \quad -0.5236 \quad 1.0472 \quad 0.5236] * 180/pi$$
$$= [60.00 \quad 30.00 \quad 30.00 \quad -30.00 \quad 60.00 \quad 30.00]$$

可以看出计算结果与仿真所得的逆运动学解一致，且逆运动学解结果和正运动学输入角度相同，可证实本案例所求解出的工业机器人逆运动学矩阵方程解的正确性。

5.3.3　运动轨迹规划仿真

利用工具箱中的[q,qd,qdd]＝jtraj(T0,T1,t)函数，可以实现机器人的关节空间轨迹规划。其中 q、qd 和 qdd 分别表示从 T0 点运动到 T1 点的运动轨迹、速度和加速度。T0 和 T1 表示关节转角的起点和终点，t 为给定的时间长度，仿真参数为

$$T0 = [000000]$$
$$T1 = [pi/2pi/4pi/2pi/3pi/2pi]$$
$$t = [0:2:50]$$

上述参数代入 jtraj() 函数运行后，可得各个关节的位置、速度和加速度的变化曲线，如图 5-3 所示。

由 5.3.1 节可知，在已知六自由度机械臂各关节变化量大小的情况下，可以通过 fkine() 函数求得机器人末端的位姿矩阵 **TT**，从而获取机械臂末端相对于基坐标的位置。将 **TT** 代入到 transl() 函数后，通过 plot() 函数可以绘制出末端的移动路径，如图 5-4 所示。

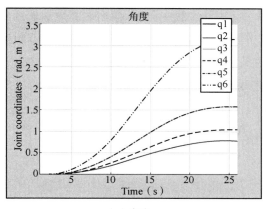

（a）角度

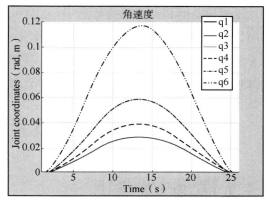

（b）角速度

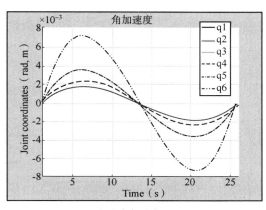

（c）角加速度

图 5-3　关节角度、角速度和加角速度曲线

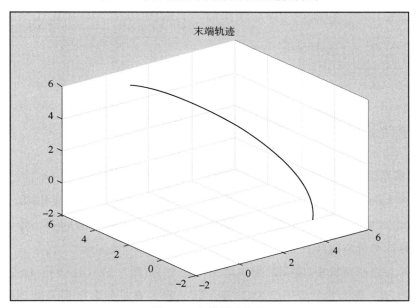

图 5-4　末端运动轨迹

根据图 5-4,机器人从初始点 T0 运动到终止点 T1 的过程中角度、角速度和角加速度随时间变化的曲线可以看出:6 个关节角度变化呈光滑曲线,易于各个关节的控制;关节角速度呈现出的趋势是先增加后减少,并在 13 s 处达到角速度的最大值;加速度的变化曲线呈 S 型变化,刚开始正向逐渐增大,在将要到达终点时反向减小,在到达终点时加速度为 0。

5.4 六自由度机器人控制系统设计

5.4.1 总体方案设计

本系统的硬件方面包括处理器和运动控制器、LCD 显示电路和串口通信电路。软件方面主要包括上位机和主控模块的程序设计。PC 上位机通过串口将机器人的配置信息发送给主控制器 STM32F407ZGT6 后,由主控制器控制 LCD 显示屏显示状态,运动控制器实现机器人的运动功能。系统结构框图如图 5-5 所示。

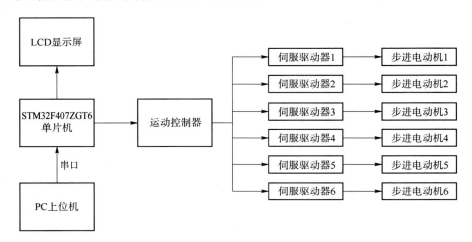

图 5-5 系统结构框图

5.4.2 硬件系统设计

1. 处理器选型

处理器作为机械臂控制器的大脑,对机械臂的控制性能起着决定性作用。处理器的运算性能越强大,对机械臂的运动控制就越顺滑,但是高性能的处理器售价一般都比较昂贵,所以必须在性能和价格之间找到一个平衡点。

目前机器人控制系统中,常用的处理器类型主要为:数字信号处理器(DSP)、现场可编程门阵列(FPGA)、嵌入式处理器(MCU)等。DSP 作为常见的数字信号处理器,硬件上支持浮点运算所以性能强劲,但是价格较高且开发周期长。采用 FPGA 作为主控,不仅可以从硬件上实现自定义逻辑和功能,而且有着超高的并行处理能力,能够快速完成复杂的运算,是 FPGA 擅长的是并行处理,如果用来做串行计算,会导致代码量的成倍增加。

意法半导体(ST)公司开发的 ARM 架构的 STM32F407 处理器,集成了浮点单元(FPU)和单周期 DSP 指令,凭借着强大的运算处理能力、低廉的价格优势和丰富的外设和接口,在工业控制中得到了广泛的应用。虽然 DSP 拥有超高数据运算能力,但是 STM32F4 也内置了浮点运算单元,性能上仍然有所保障,相比较于 FPGA,ARM 处理器有着价格便宜代码量少的天然优势。综合分析,采用 STM32F407 处理器更有利于本案例的设计。

2. 主控模块设计

主控制器模块采用意法半导体公司开发的 STM32F407 处理器,该处理器采用了自适应实时存储器加速器技术,使得程序零等待执行和 90 nm 的 NVM 工艺降低了功耗,浮点单元和单周期 DSP 指令的集成使浮点运算能力显著提升。高速的串口,最高速率可达 10.5 Mbit/s,可达到本案例的要求。原理图如图 5-6 所示。

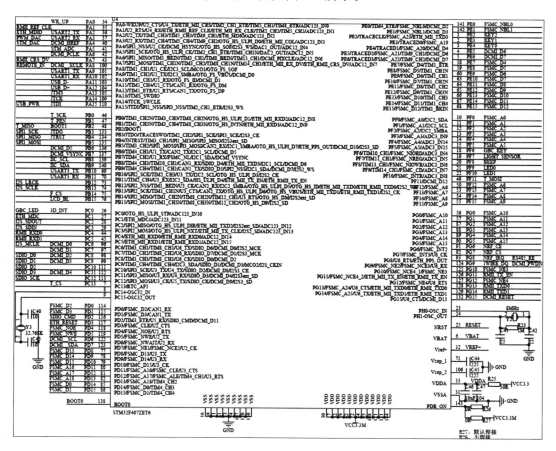

图 5-6　STM32 处理器原理图

3. 运动控制器的选型

运动控制器作为辅助处理器完成对机械臂的控制,主要是将处理器计算好的数字量转化为脉冲发送给电动机驱动器。为了能够实现六个轴的同步启停,运动控制器须采用FPGA实现。为了保障系统的稳定性和操作的安全性。本案例的运动控制模块采用恒凯科技研发的 HMC80X3A 系列 6 轴运动控制芯片,与 STM32F407ZGT6 单片机的连接采用通用的 8 位地址总线、8 位数据总线和读写控制总线,该模块与 STM32F407ZGT6 的连接方式如图 5-7 所示。

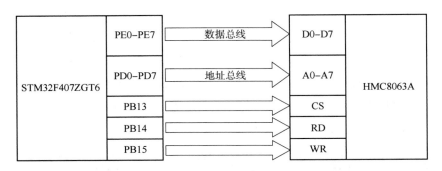

图 5-7　HMC8063A 接口框图

4. 显示模块设计

本案例采用分辨率为 320×240 的 2.8 寸 TFT-LCD 液晶触摸屏,16 位色彩色显示。触摸输入使得人机交互更加方便。LCD 液晶触摸屏与单片机连接原理图如图 5-8 所示。

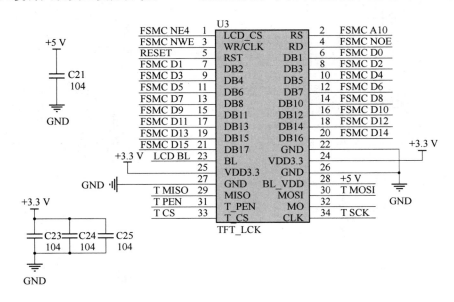

图 5-8　液晶触摸屏接口原理图

5. 串口通信模块设计

串口通信作为工业上常用的串行通信方式,该方式具有电路简单、数据线少,连接方便等诸多优点。在调试主控制器的过程中,通过串口将调试信息显示在计算机屏幕上,能够非常便捷地查看系统的运行状况。本案例采用 CH340 芯片实现 USB 到串口的转换,与 STM32F407ZGT6 单片机的连接只有两根数据线,分别是发送(TX)和接收(RX),CH340 与 USB 总线的连接共有四根线分别为 GND、D−、D+ 和 VCC,连接框图如图 5-9 所示,原理图如图 5-10 所示。

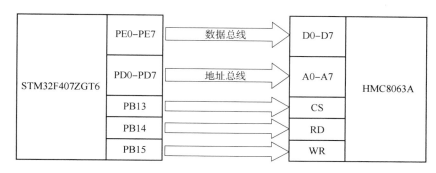

图 5-9　CH340 连接框图

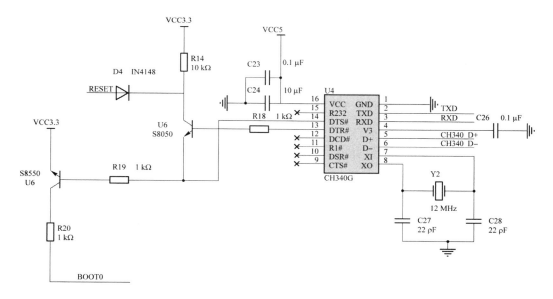

图 5-10　串口通信模块原理图

5.4.3　控制系统软件设计

系统软件功能:上位机软件将数据发送给控制器后,控制器会将部分数据显示在 LCD 屏幕上,然后计算运动学逆解和完成空间轨迹的规划等任务,从而控制机器人完成一定的动作。除此之外,主控制器还可以监控机器人的运行状况、运行信息实时显示在 LCD 屏幕上,程序流程图如图 5-11 所示。

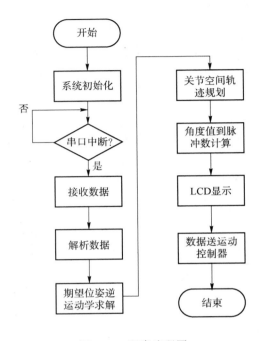

图 5-11　程序流程图

5.5　六自由度机器人控制系统实现

机器人控制系统软件实现分为上位机和下位机两部分,上位机完成人机交互、配置主控制器的运行参数、设定运动起点和终点位姿等功能。下位机为 STM32F407ZGT6 主控制器和运动控制模块,主要完成正运动学和逆运动学计算、关节空间轨迹规划、运行状态监控、伺服控制、加减速控制和其他 I/O 的控制等。

1. 主控制器程序

系统主菜单界面如图 5-12 所示,触摸选择项:手动控制和逆解运算功能,可对机器人的运行状态进行监控。

手动控制界面如图 5-13 所示,用来手动控制各个轴的运动。

逆解计算界面如图 5-14 所示,用来查看上位机发送的期望位姿和求解出的逆解角度。

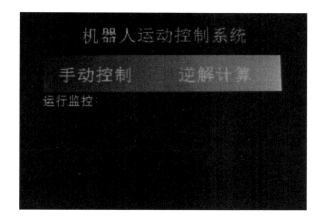

图 5-12 控制器主界面

图 5-13 手动控制界面

图 5-14 手动控制界面

2. 串口通信功能测试

本案例中利用 USB 通信接口连接计算机和主控制器,采用 CH340 实现 USB 协议到串口协议的转换。测试时应用第三方串口调试工具,需提前设置相应的串口号、波特率、停止位、数据位、奇偶校验等参数。在主控制器中编写程序,将串口收到的数据显示在 LCD,并重新发送回上位机。如果控制器长时间未收到上位机的数据,将会每隔一段时间向上位机发送消息,以便监测通信是否正常,如图 5-15 所示。

上位机通过串口向控制器发送机器人位姿数据"0.0190,0.9994,-0.0290,0.7052,\-0.4001,-0.0190,-0.9163,1.2215,\0.9163,-0.0290,0.3995,0.5532",控制器收到后重新发回上位机并显示在 LCD 屏幕上,如图 5-16 所示,由测试结果可以看出,运动控制器串口通信功能工作正常。

图 5-15　上位机软件

图 5-16　上位机发送数据 LCD 显示

案例六 多媒体播放器的设计与实现

6.1 引 言

在这个互联网技术高速发展的时代,互联网对人们生活的影响是潜移默化的,渐渐地成为人们生活中必不可少的部分。每个人都感受到了来自互联网的方便快捷。随着现代社会经济、技术、政治等的迅速发展,人们的生活出现了紧张与不适。慢节奏的享受生活便成为人们的首选,音乐的出现给人们带来了惊喜与欢乐,人们在追求音乐的过程中解放了自己疲惫的身心,不但与自己的灵魂产生了共鸣,并且陶冶了情操,所以欣赏音乐已经成为现代化社会一种主流的也是比较好的舒缓压力的方式。然而美妙的音乐又是怎么产生的呢? 这需要对数字音乐有更深的了解才能体会到音乐的本质。多媒体播放器在人们的生活中存在的方式形形色色,手机端的音乐播放器因使用比较方便而比较普遍,手机版的音乐播放器界面美观而且操作方便。所以打造一款类似手机音乐 UI 界面的播放器才是主流,才能满足人们的爱好需求。

6.2 系 统 设 计

本案例设计一款可视化的多媒体播放系统,此播放器能够播放本地的音频文件,在功能方面,须具备一些基本的音乐操作处理功能(暂停、播放、音量调节、拖动、停止等),此外,实时显示歌曲信息,具有随机播放功能。另外,播放器还可以读取物理存储设备内的音频数据并进行实时高效读取,以一定时序将缓冲的音频数据流通过音频解码模块内的解码芯片实现无损解码,并通过 DAC 将数字信号转换为模拟信号进行播放。

6.2.1 硬件系统设计

本案例采用 STM32F407ZGT6 微控制器作为核心,能在 3.3 V 超低压工作,STM32F407ZGT6 是一个低功耗,高性能 32 位主控,1 Mbit 的片内 FLASH 和 192 KB 的 SRAM。系统可以通过按键模式控制播放器的开关机,EEPROM 存储触摸屏校准数据,FLASH 存放汉字字库。STM32 通过移植的 FATFS 文件系统读取 SD 卡的 MP3 格式的音频文件,VS1003B 解码播放。TFT-LCD 实时显示 RTC 时钟、音频文件的比特率、播放进度、播放模式、暂停,播放等界面信息。系统功能框图如图 6-1 所示。

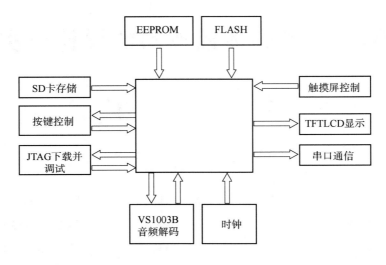

图 6-1　系统功能框图

1. 主控模块

本课题的主控模块采用 STM32F407ZGT6,芯片集成 FPU 和 DSP 指令、具有 192 KB SRAM、1 024 KB 内部 FLASH、2 个 32 位定时器、12 个 16 位定时器、2 个 DMA 控制器、3 个 IIC、3 个 SPI、2 个全双工 I2S、6 个串口、2 个 USB、2 个 CAN、1 个 RTC、3 个 12 为 ADC、2 个 12 位 DAC、1 个 FSMC 接口、1 个 SDIO 接口、1 个硬件随机数生成器以及 112 个通用 I/O 口等。主控模块电路如图 6-2 所示。

2. FLASH 存储模块

存储芯片采用的是华邦公司的 W25Q64。W25Q64 的可擦写使用周期多高达 10 万次,具有 20 多年的数据存储年限,支持 2.7～3.6 V 的电压,W25Q64 支持标准的 SPI,也支持双输出/四输出的 SPI,而且最大 SPI 时钟能达到 80 MHz。W25Q64 将 8 Mbit 的存储容量分成了 128 个块,每个块大小为 64 KB,每一个块又分 16 个扇区,每个扇区 4 KB,这样就想方设法给 W25Q64 开辟至少 4 KB 的缓存区,这样就对 SRAM 有较高的要求,需要芯片必须有 4 KB 以上 SRAM 才能灵活地进行读写。这里使用 STM32F4 的自带的 SPI 功能去实现对外部 FLASH 芯片的读写,将最终制作的字库和一些小容量的音乐铃声写入到 FLASH 中。FLASH 芯片外围电路如图 6-3 所示。

3. EEPROM 存储模块

AT24C02 是一个 2K 的串行 CMOS 型 EEPROM,内部有 256 个 8 位字节,CATALYST 公司应用先进 CMOS 技术降低了器件的功耗。AT24C02 内置了一个 8 字节页写缓冲器,该器件可通过 IIC 总线进行读写,而且具有专门的写保护机制。2.7～7 V 的工作电压,有 100 万次使用擦写周期,数据保存达 100 年。24C02 用于保存触摸屏校准数据,避免每次开机都需要手动校准的麻烦。AT24C02 外围电路如图 6-4 所示。

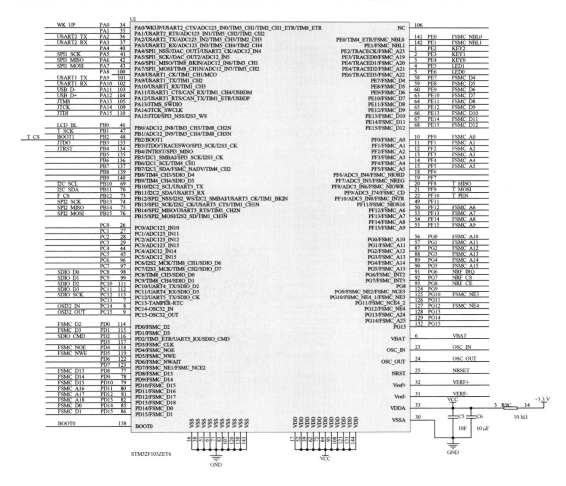

图 6-2　STM32F407ZGT6 主控模块电路

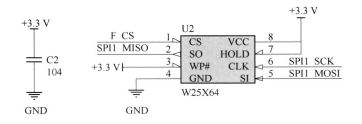

图 6-3　FLASH 芯片外围电路

4. SD 卡存储模块

系统具有标准的 SD 卡接口,支持多媒体卡(MMC 卡)、SD 存储卡、SD I/O 卡和 CE—ATA 设备等。SD 卡模块电路如图 6-5 所示。

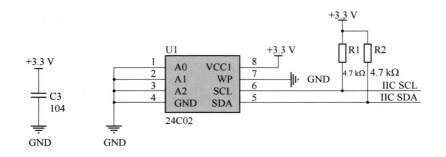

图 6-4　AT24C02 芯片外围电路

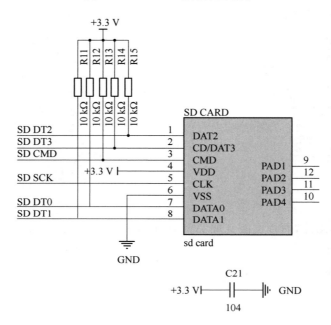

图 6-5　SD 卡模块电路

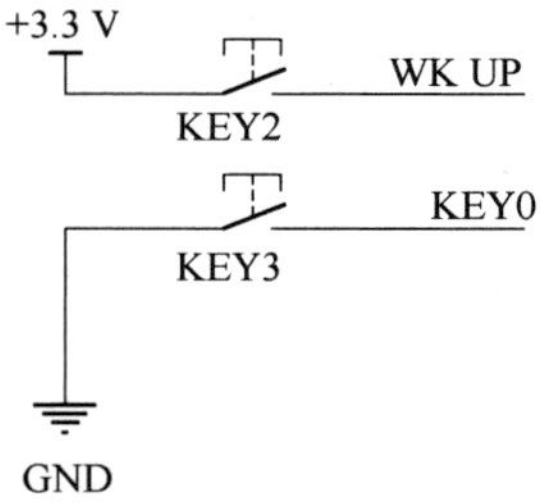

5. 按键控制模块

系统利用 STM32F4 板载的按键设置功能,将 I/O 口输入模式设置为实时读取 STM32F4 I/O 口的状态,扫描按键是否按下。按键电路图如图 6-6 所示。

6. Micro USB 电源接口模块

系统采用 5 V 直流电源供电,利用 AMS1117－3.3 芯片稳压到 3.3 V,为主控芯片供电。电源供电电路如图 6-7 所示。

图 6-6　按键电路图

7. RTC 电源控制模块

STM32F4 系列芯片自带实时时钟(Real Time Clock,RTC)(包括年月日时分秒的信息)、两个可编程时钟中断,还有一个有中断功能的周期性可编程唤醒标志。纽扣电池为

RTC 部分供电,使 RTC 一直运行,即在系统复位时或从待机模式唤醒 RTC 的时间设置并保持时间不变。

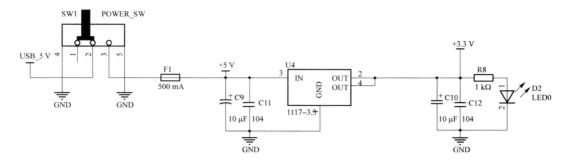

图 6-7　电源供电电路

8. 液晶触摸显示模块

本系统利用 STM32F4 的 FSMC 接口控制显示器的显示,采用薄膜晶体管液晶显示器 (Thin Film Transistor-Liquid Crystal Display,TFT-LCD)。TFT-LCD 与无源 TN-LCD、STN-LCD 的简单矩阵有所不同,TFT-LCD 彩屏在每一个像素上都设置了一个薄膜晶体管 (TFT),有效地解决了非选通时的串扰,使得显示液晶屏的静态特性与扫描线数无关,大大地提高了图像显示的质量。TFT-LCD 又被称为真彩液晶显示器。TFT-LCD 不但可以显示 16 位色的真彩图片,而且也能实现 ASCII 字符和彩色的显示等功能。由于彩屏在显示图片的时候数据量比较大,TFT-LCD 模块采用了 16 位的并行通信的方式与外部连接,刷新速度比 8 位方式提升了一倍。

STM32F4076 芯片带有 FSMC 接口的。FSMC 是灵活的静态存储控制器的简称,能够与同步或异步存储器以及 16 位 PC 存储器通信,STM32 的 FSMC 接口支持与 SRAM、NAND FLASH、NOR FLASH 和 PSRAM 等存储器通信。STM32 的 FSMC 将外部设备分为 3 类:PC 卡设备、NOR/PSRAM 设备、NAND 设备。它们共用了地址数据总线等信号,而且具有不同的使能端来区分不同的设备,设计用到的 TFT-LCD 彩屏就是用的 FSMC_NE4 做片选,本质上就是将 TFT-LCD 彩屏当成 SRAM 来控制。

外部 SRAM 的控制一般有:地址线(如 A0～A18)、数据线(如 D0～D15)、写信号 (WE)、读信号(OE)、片选信号(CS),如果 SRAM 支持字节控制,那么还有 UB/LB 信号,TFT-LCD 的信号包括:RS、D0～D15、WR、RD、CS、RST 和 BL 等。操作 LCD 时需要用到信号为:RS、D0～D15、WR、RD 和 CS,操作时序同 SRAM 的控制时序。不同的是,TFT-LCD 有 RS 信号,但没有地址信号。TFT-LCD 通过 RS 信号来决定传送的信息是数据还是命令,可以理解成一个地址信号。当 RS 与 A0 连接时,FSMC 控制器写地址 0 时,A0 为 0,对 TFT-LCD 来说,相当于写命令。而 FSMC 写地址 1 时,A0 则为 1,对 TFT-LCD 来说,相当于写数据。如此,数据和命令区就对应 SRAM 操作的两个连续地址。

　　TFT-LCD 模块自带的触摸屏控制芯片为 XPT2046。XPT2046 是一款 4 导线制触摸屏控制器,内含 12 位分辨率 125 kHz 转换速率逐步逼近型 A/D 转换器。XPT2046 支持从1.5～5.25 V 的低电压 I/O 接口。XPT2046 能通过执行两次 A/D 转换查出被按的屏幕位置,除此之外,还可以测量加在触摸屏上的压力。触摸屏电路如图 6-8 所示。

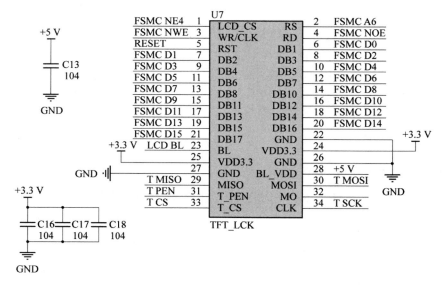

图 6-8　触摸屏电路

9. Micro USB 接口模块

　　为实现 PC 复制音乐文件到 Flash 中,系统设置 USB 接口,电路如图 6-9 所示。

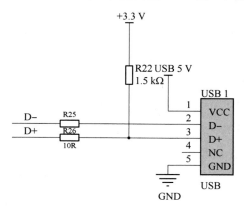

图 6-9　USB 接口电路

10. JTAG/SWD 接口模块

　　通过标准 JTAG 接口可下载程序也可调试代码。SWD 接口只需要 2 根线(SWCLK 和SWDIO)就可以下载或调试程序代码,JTAG 接口电路如图 6-10 所示。

11. 待机唤醒单元

　　目前,很多单片机都有低功耗模式。在系统或电源复位以后,微控制器在运行状态下,

HCLK 为 CPU 提供时钟,内核开始执行程序代码。当 CPU 不需继续执行指令时,切换到低功耗模式节省功耗。利用 STM32 的待机模式,通过按键唤醒 CPU。长按按键 3 秒,可唤醒键开机,LED 闪烁,表示系统正常工作。再次长按按键,多媒体播放器系统则进入待机模式,LED 关闭,程序停止运行。

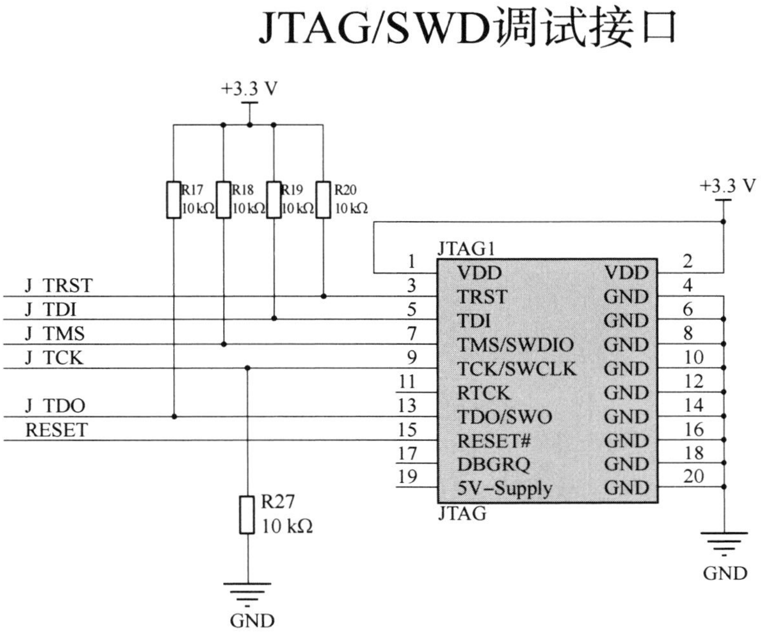

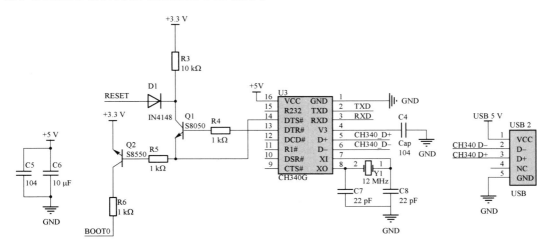

图 6-10　JTAG 接口电路

12. USB 串口模块

系统选择 CH340G 作为串行通信芯片,CH340G 为 STM32 和计算机提供串行通信功能。CH340G 芯片外围电路如图 6-11 所示。

图 6-11　CH340G 芯片外围电路

13. 音频解码模块

系统采用 VS1003B 实现音频解码等功能。VS1003B 支持解码 MP3、WMA 等格式的音频文件、5 KB 的指令 RAM 和 0.5 KB 的数据 RAM、串行控制和数据接口、4 个常规用途的 I/O 口、一个 UART、可变采样率 ADC 和立体声 ADC、一个耳机放大器和地线缓冲器，该音频解码芯片可以驱动 30 Ω 负载的耳机，内部有 PLL 锁相环时钟倍频器，高性能片上立体声数模转换器，两声道之间无相位差。VS1003B 芯片外围电路如图 6-12 所示。主控模块读取存储器音频码流后，将音频信息送至 VS1003B 模块进行解码输出。

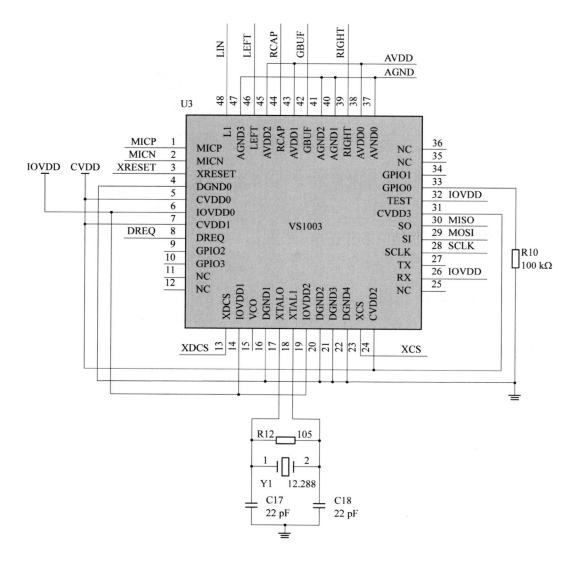

图 6-12　VS1003B 芯片外围电路(1)

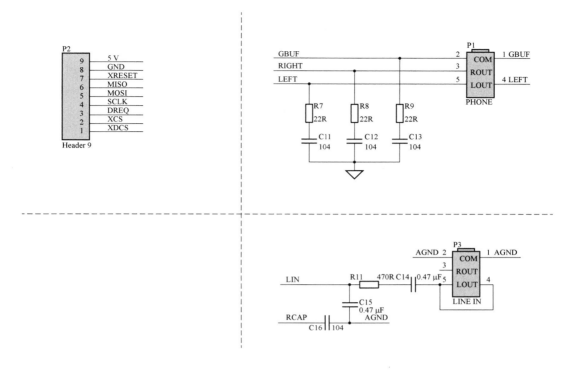

图 6-13　VS1003B 芯片外围电路(2)

6.2.2　软件系统设计

软件系统主程序流程图如图 6-14 所示。

1. 液晶显示模块软件设计

本模块是用来显示歌曲信息的。首先对本模块与主控制器相连的 I/O 进行配置并初始化;接着将液晶触摸屏进行软复位,设置像素频率,设置液晶显示屏的模式,以及设置 LCD 水平像素和垂直像素;然后初始化 FSMC 配置,使能 BANK1,读取液晶显示屏的 ID 并显示;最后开启显示,设置自动白平衡 DBC,液晶触摸屏的背光设置为最亮,设置默认为竖屏显示。液晶显示程序流程图如图 6-15 所示。

2. 音频解码模块软件设计

本模块是用来对存储器里面的音频文件进行解码并输出音乐的。首先对本模块与主控制器相连的 I/O 进行配置并初始化;接着将主控制器发送过来的音频文件进行解码,在解码的过程中,可以设置播放音乐的播放速度、播放的音量、播放的高低音以及播放音乐音效的配置;最后在播放音乐之前可以先进行一段正弦波的测试。音频解码程序流程图如图 6-16 所示。

107

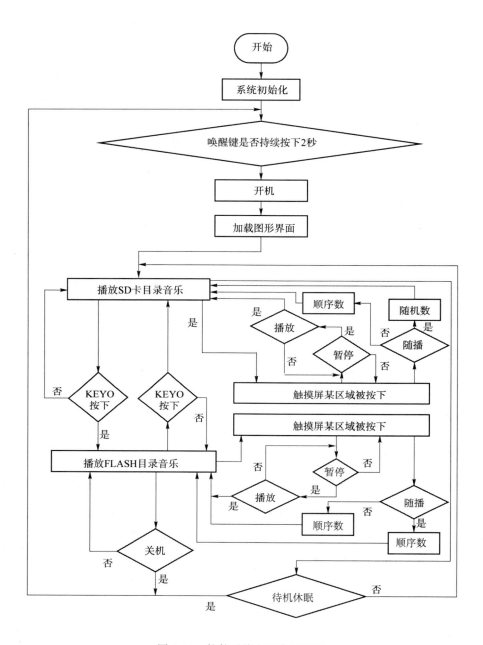

图 6-14　软件系统主程序流程图

6.2.3　测试结果

将所有模块的程序代码经过 KEIL 软件编译生成的 HEX 文件下载到微控制器 STM32F103ZET6 的内部 FLASH 中,程序运行结果如图 6-17 所示。

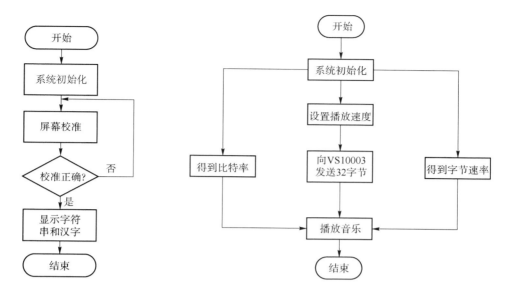

图 6-15　液晶显示程序流程图　　　　　　图 6-16　音频解码程序流程图

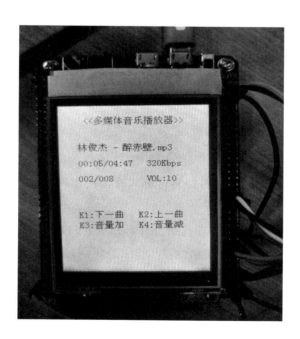

图 6-17　程序运行结果

案例七　基于 DSP 和 FPGA 的
实时视频处理平台的设计

7.1　引　　言

数字图像处理技术是 20 世纪 60 年代随着计算机技术和 VLSI（Very Large Scale Integration）的发展而产生、发展和不断成熟起来的一个新兴技术领域，它在理论上和实际应用中都取得了很大的成就。

数字图像处理技术可以帮助人们更加客观、准确地认识世界，人的视觉系统可以帮助人类从外界获得 3/4 以上的信息，而图像、图形又是所有视觉信息的载体。图像处理技术又拓宽了人类获取信息的视野范围，通过数字图像处理技术可以利用红外、微波等波段的信息进行数字成像，将不可见的信息变为可见信息——图像。相对模拟图像处理来说，数字图像处理有精度高、再现性好、通用性、灵活性高的优点。

目前，数字图像处理技术在工程学、信息科学、医学、社会科学等领域得到了广泛的应用，并且向着实时性、高速性、高分辨率、多媒体化、智能化的方向发展。特别是对图像处理实时性的要求越来越高，因此，迫切需要为高速实时性的图像处理算法提供一个功能强大的图像处理运行平台。

在数字图像处理系统中，图像处理设备占有十分重要的地位。图像处理设备的发展依赖于处理器芯片（包括单片机、DSP、FPGA 等）技术的应用和发展。图像处理系统虽然已经由机箱式大体积结构发展为插卡式小型化结构，但由于图像处理存在大量的数据信息，现有的系统在实时性和容量上仍然不能满足多数实时处理的需求。

传统的图像处理系统一般多采用如下几种方式。

(1)在通用的计算机上用软件编程实现。这种方法速度太慢，不能用于实时系统，多用于教学和研究。

(2)在通用计算机上加图像卡来实现。虽然随着国内外的一些图像卡厂商的技术发展和支持，采用这种方式的方案用户比较多。但是由于大数据量处理时，图像卡和计算机之间的数据交换速度较慢，而图像处理过程中恰恰有大量的图像数据存在。所以不能完全满足实时性的要求。由于产品对系统实时性的要求较高。实时信号处理系统要求必须具有处理大数据量的能力;并且对系统的体积、功耗、稳定性等也有较严格的要求。因此传统的方法很难满足实际的需要。

本设计开展基于 DSP 和 FPGA 平台下的视频图像处理的研究。DSP 和 FPGA 的平台在一个完整的计算系统中实现视频图像的处理。以 TI 公司高端 DSP C6x 系列和嵌入大容量 RAM 模块的高密度可编程逻辑器件 FPGA 为核心构建了一个小型、低成本、低功耗、可独立运行的数字视频采集、显示和处理平台。该平台充分发挥 DSP 实时性好、运算能力强大和 FPGA 逻辑控制能力强的特点,解决了现有系统的局限性,该系统结构灵活,适合于模块化设计,能够支持密集算法,高带宽应用,具有体积小、成本低、功耗低、速度快和适应性强的特点。此系统平台可用于机器人的手眼视觉处理系统,并提供操作场景的监控画面。此外还可用于数字图像叠加、数字视频合成等领域。

7.2　系　统　设　计

一个完整的视频处理系统不但要具备视频信号的采集功能,能对视频进行实时显示,且要求完成视频图像信号的分析、处理(如图像识别、图像压缩等)以及视频图像处理结果的反馈控制和显示。视频处理系统主要由视频采集单元和视频处理单元及视频显示单元部分组成。在进行系统设计时,各部分的紧密结合是设计的关键,是视频数据流水作业的基本保证。

通常这些算法的运算量大,同时又要满足实时显示的要求,因此采用高速 DSP 芯片作为数据核心处理单元。另外,要求系统满足通用性的同时,针对不同的应用和不断出现的新处理方法,还要使系统便于功能的改进和扩展。

7.2.1　系统设计方案

1. FPGA 的特点

FPGA 指的是现场可编程门阵列,它的基本功能模块是由 n 输入的查找表,存储数据的触发器和复路器等组成。这样,只要正确地设置了表中数据,查找表就能够通过对表中的数据的读取而实现输入的任意布尔函数。触发器则用来存储数据,如有限状态机的状态信息。复路器可以选择不同的输入信号的组合,将查找表和触发器用可编程的布线资源连接起来,就可以实现不同的组合逻辑和时序逻辑。由于 FPGA 内部结构的特点,它可以很容易实现分布式算法结构。由于大规模集成电路的迅速发展,可编程逻辑芯片应用越来越多。用大规模可编程逻辑芯片包括 FPGA 和 CPLD 构成的片上系统具有的优点越来越受到人们的关注。在单芯片上实现系统要求的所有功能,这种系统不但实现起来简单和节省线路板面积,而且能够实现系统的在线编程。系统功能的改变无须更改原有系统的硬件电路即可实现系统功能的更新,在整个系统运行可靠性方面也优于传统的 ASIC 芯片搭成的电路。在数字电路设计中,FPGA 发挥了越来越重要的作用,随着 FPGA 向高密度、低成本方向发展,目前的一个趋势是把系统级功能放到 FPGA 器件中。

2. DSP 的特点

自从 20 世纪 70 年代末第一片数字信号处理器芯片问世以来,DSPs 就以数字器件特有的稳定性、可重复性、可大规模集成,特别是可编程性高和易于实现自适应处理等特点,给数字信号处理的发展带来了巨大机遇,并使信号处理手段更灵活,功能更复杂,其应用领域也拓展到所有领域。

近年来,随着半导体制造工艺的发展和计算机体系结构等方面的改进,DSPs 芯片的功能越来越强大,使信号处理系统的研究重点又重新回到软件算法上,特别是在图像实时处理领域能够实时处理的信号带宽已经有了长足进展,由于 48 亿次(4800MIPS)DSPs(C6416)的出现,人工视觉信号的处理已经成为可能,绝大部分应用也由最初的非实时应用转向高速实时应用。DSP 作为可编程超大规模集成电路(VLSI)器件,是通过可下载的软件或固件来实现扩展算法和数字信号处理功能的,其最典型的用途是实现数字图像处理算法。在硬件上,DSP 最基本的构造单元是被称为 MAC 的乘加器。它通常被集成在数据通道中,这使得指令周期时间可以跟硬件的算术周期时间相同。此外,DSP 芯片丰富的片内资源,大容量的 SRAM 作为系统的高速缓存,高达 64 位的数据总线使系统具有很高带宽等。在片外支持大容量存储器,图像处理中往往有大量数据需要处理,这就要求系统具有大容量的存储器,实时处理图像时要求存储器有很高的存取速度,在这一点上 DSP 实现了与目前流行的 SDRAM、SBSRAM 等高速大容量存储器的无缝连接,同时还支持 SRAM、FIFO 等各种类型的存储器。为满足便携式器件无电保存数据的要求,DSP 芯片还提供了诸如闪速存储器、铁电存储器等的无缝接口。当前,大多数的 DSP 芯片采用改进的哈佛结构,即数据总线和地址总线相互分离,使得处理指令和数据可以同时进行,提高了处理效率。另外还采用了流水线技术,将取指、取操作数、执指等步骤的指令时间可以重叠起来,大大提高了运算速度。

由于 DSP 和 FPGA 相关技术的发展,采用基于 DSP 和 FPGA 结构的处理平台已体现出它的优越性能,也越来越多地受到重视。这种方式的核心处理器为 DSP,FPGA 只作为处理系统的协处理器,辅以外围电路设计构建数字视频处理平台。这样不仅综合了 FPGA 和 DSP 各自的优点,很大程度上提高了算法执行速度;同时缩短了开发周期,易于系统维护和扩展,整个处理系统特别适合实现实时高速图像的处理。

本案例采用 DSP＋FPGA 的图像处理系统结构,在本系统结构中,底层的信号预处理算法要处理的数据量很大,对处理速度的要求高,但算法结构相对简单,适于用 FPGA(Field Programmable Gate Array),即现场可编程门阵列,进行硬件实现,同时 DSP 与外围电路之间的时序控制也可以通过 FPGA 生成,这样缓解了 DSP 中 CPU 的工作量。高层处理算法的特点是所处理的数据量较低层算法少,但算法的控制结构复杂,适于用运算速度快、寻址方式灵活、通信机制强大的 DSP 来实现。

而使用专用视频解码器(decoder)、视频编码器(encoder)完成制式选择、数字化、彩色空间转换、同步信号模式选择等工作,不仅可以提高系统的可靠性,增强系统功能,还加快了设计进度,降低了成本。这些优越的性能是使用普通高速 A/D 和 D/A 所不具有的。

基于上述分析,制定由 DSP＋FPGA＋专用视频解码器＋专用视频编码器构成视频采集、处理和显示系统的硬件设计方案。

7.2.2　系统总体构建

此系统主要包括图像采集模块、图像处理模块、图像显示模块等。视频处理系统各模块连接图如图 7-1 所示。

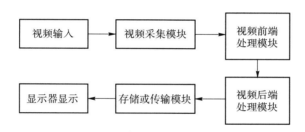

图 7-1　视频处理系统模块连接图

系统硬件原理图如图 7-2 所示,基本工作过程是:摄像机采集到的图像传输给解码芯片 TVP5150PBS,将传输进来的复合视频转换为 ITU-R BT.656 信号,送到 DM642 的 VP 口自带的 FIFO 中,其中用 FPGA 来进行时序的控制,当一行数据传输完毕后,通过 EDMA 通道将数据送入 SDRAM 采集存储缓冲区,等待一帧数据采集完,数据由采集存储缓冲区放入到显示存储缓冲区。当上一帧图像显示完,显示区中数据再传送到显示模块所用的 VP 口的 FIFO 中,等待一行数据传输完,送入解码芯片 SAA7121H,将数据转换为复合视频信号,通过液晶显示器实时显示。

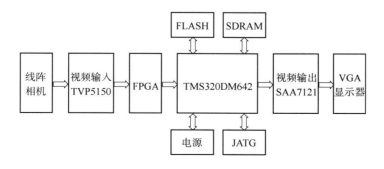

图 7-2　系统硬件原理框图

1．图像采集单元

图像采集单元包括视频信号的采集，预处理，把输入的视频信号转换成系统能够处理的数字图像数据，并且按照一定的格式存储在确定的存储区域。

本案例采用线阵 CCD 相机，选用的视频解码芯片是目前被广泛使用的 TI 推出的 TVP5150 芯片，TVP5150 芯片更加适合本嵌入式系统的低功耗功能稳定的要求。

TVP5150 是 TI 推出的一款超低功耗的高性能混合信号视频解码芯片，可自动识别 NTSC/PAL/SECAM 制式的模拟信号，按照 YCbCr4：2：2 的格式转化成数字信号，以 8 位内嵌同步信号的 ITU-RBT.656 格式输出。具有价格低、体积小、操作简便的特点。

2．图像处理单元

应用图像处理算法实现系统要达到的功能。该功能是图像处理系统的核心功能。图像处理流程图如图 7-3 所示。

3．图像显示单元

提供简单的人机交互，完成系统初始化的设置，在系统运行过程中进行算法的切换，以及图像处理结果的实时显示。图像显示单元流程图如图 7-4 所示。

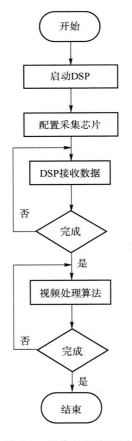

图 7-3　图像处理流程图

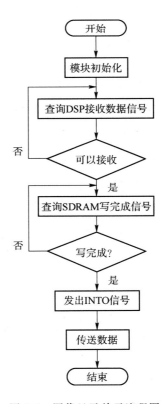

图 7-4　图像显示单元流程图

7.3　系统硬件设计

本系统采用 TI 的 TMS320DM642 芯片,这是一款专用于数字媒体应用的高性能 32 位定点 DSP,工作主频最高可达 720 MHz,处理性能可达到 5 760 MIPS。

此系统主要包括图像采集模块、图像处理模块、图像显示模块等。其基本工作过程是:摄像机采集到的图像传输给解码芯片 TVP5150PBS,将传输进来的复合视频转换为 ITU-R BT.656 信号,送到 DM642 的 VP 口自带的 FIFO 中,当一行数据传输完毕后,通过 EDMA 通道将数据送入 SDRAM 采集存储缓冲区,等待一帧数据采集完,数据由采集存储缓冲区放入到显示存储缓冲区。当上一帧图像显示完,显示区中数据再传送到显示模块所用的 VP 口的 FIFO 中,等待一行数据传输完,送入编码芯片 SAA7121H,将数据转换为复合视频信号,通过液晶显示器实时显示。

由于视频采集、显示和 DSP 单元三者之间的时钟频率各不相同,因此需要用 FIFO 做时钟域的隔离,协调数据传输速度。一般选择在 FPGA 中,用 VHDL 设计同步时序控制逻辑、接口逻辑、高速 FIFO 等全部数字逻辑功能。

按功能由视频采集模块、视频显示模块、同步时序控制模块、接口逻辑控制模块及 DSP 模块和外围电路组成。外围电路主要包括 SDRAM 图像存储器、FLASH 程序存储器及 TMS320DM642 外围电路(复位、电源连接等)。

7.3.1　图像采集模块

采用 NTSC 制式或 PAL 制式的模拟摄像头提供视频图像。本系统采用线阵 CCD 相机,即采用线阵图像传感器(CCD)的相机。线阵 CCD 获取图像的方案在以下几方面有其特有的优势。

(1)线阵 CCD 加上扫描机构及位置反馈环节,其成本仍然大大低于同等面积、同等分辨率的面阵 CCD;

(2)扫描行的坐标由光栅提供,高精度的光栅尺的示值精度可高于面阵 CCD 像元间距的制造精度,从这个意义上讲,线阵 CCD 获取的图像在扫描方向上的精度可高于面阵 CCD 图像;

(3)最新的线阵 CCD 亚像元的拼接技术可将两个 CCD 芯片的像元在线阵的排列长度方向上用光学的方法使之相互错位 1/2 个像元,相当于将第二片 CCD 的所有像元依次插入第一片 CCD 的像元间隙中,间接"减小"线阵 CCD 像元尺寸,提高了 CCD 的分辨率,缓解了由于受工艺和材料影响而很难减小 CCD 像元尺寸的难题,在理论上可获得比面阵 CCD 更高的分辨率和精度。

主本系统选用了 PAL 制式,标准 25 帧/秒的视频流,图像分辨率为 720×576 像素(每帧 576 行,每行 720 个像素)。

1. 视频编码芯片与 DM642 的接口设计

解码芯片选用 TVP5150,该芯片是一款高性能视频解码器,可将 NTSC、PAL 视频信号转换成数字色差信号,支持两个复合视频或一个 S 端子输入。输出格式为 ITU-R BT. 656,并支持 Macrovision 复制保护以及高级的 VBI 功能。不仅如此,TVP5150 还具备了封装小,功耗小的特点,正常工作时功耗为 113 mW,在节电模式下功耗为 1 mW,因此,非常适用于便携,批量大,高质量和高性能的视频产品。TVP5150 与 DM642 的连接电路如图 7-5 所示。该芯片内核电源电压为 1.8 V,输入/输出电源电压为 3.3 V,TVP5150 芯片可以将 PAL 制式视频流,转化为 8 位 BT. 656 格式的视频数据流,TMS320DM642 处理器通过片上的视频口把数据流存入 FIFO,然后通过 EDMA 通道把 FIFO 中的数据搬入片内或片外存储器,以便程序调用图像数据进行处理。视频解码电路如图 7-5 所示。

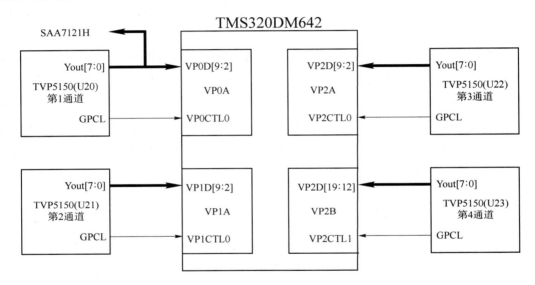

图 7-5　视频解码电路

2. FPGA 逻辑控制模块及接口设计

由于 DSP 芯片具有较强的运算能力,而时序控制性能不突出,所以考虑本系统的主要控制逻辑由硬件完成,即利用 FPGA 的控制能力,以实现控制与运算的分离,这样充分利用了 DSP 和 FPGA 各自的优点,提高了系统的处理功能,从而充分地满足了系统实时性的要求[10]。本案例采用选用的可编程器件型号为 CY37064VP100。

(1)逻辑控制模块

可编程器件 CY37064VP100 可以在高速运行的时候保证系统时钟信号的稳定性。

FPGA 用于 DSP 系统的主要控制信号如图 7-6 所示,FLASH 的 CS 片选信号是由 DM642 的地址信号 EA22 和 CE1 空间片选信号与非而得的,DM642 在 CE1 空间除了分配了 FLASH 外,还分配了 FPGA 外扩寄存器,如看门狗状态寄存器、串口寄存器、数字量输入、输出寄存器等。其中 FLASH 只占 CE1 前一半寻址空间 512 K×8 bit,为了能全部访问 FLASH 4 M×8 bit 空间,系统采用了分页技术,页地址 A19-21,由 FPGA 的页地址寄存器提供,同时外扩寄存器的地址也有 FPGA 利用逻辑电路生成。串口通信模块的 A、B 通道选择由地址 EA6 与空间片选信号 CE1 逻辑生成。不仅如此,DSP 的复位信号、串口中断信号、看门狗使能信号均有 FPGA 生成。

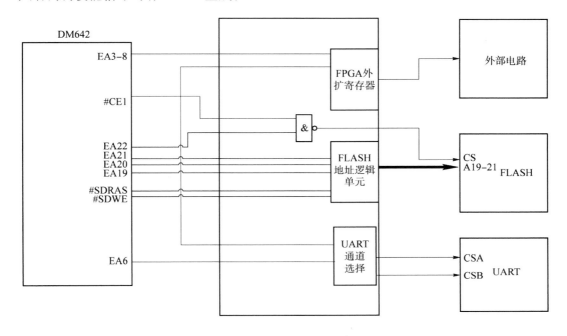

图 7-6　FPGA 生成的控制信号

(2)缓冲模块

由于相机的时钟频率和 DSP 的传输时钟频率存在差异,相机频率为 30 MHz,CPU 时钟是 600 MHz,EMIFA 的输入时钟采用 CPU/6 即 100 MHz,所以需要 FIFO 进行数据缓冲。本系统中视频口 VP1 作为输入,与解码器相连。每个视频口都有一个 5 120 B 的视频输入/输出缓冲区,TVP5150 解码的 BT.656 数据流进入 FIFO 中,其中 Y 缓存 256 B,Cb 和 Cr 缓存分别为 1 280 B。用户为缓冲区设定一个阈值,当一行数据接收完毕,产生 EDMA 事件。FIFO 中的数据经由捕获通道分别进入各自的 SDRAM 缓冲区。

7.3.2　图像处理及存储模块

图像处理模块是系统的核心部分,所选择的 DSP 芯片的性能,将决定能否达到系统的实时性。同时算法需要处理大量的图像数据,DSP 内部的存储器空间无法满足算法的要求,系统需要外接存储器,并且存储器与 DSP 之间的数据传输速度还要跟上 DSP 的处理速度。

1. DM642 的 EMIF 接口

在嵌入式系统设计中,CPU 大多数都有与 SRAM/FLASH 和 SDRAM 无缝连接的功能,DM642 也是一款提供多种协议接口无缝连接的 CPU,芯片集成了外部总线接口(EMIF)外设,EMIF 控制对外部存储设备和外部 I/O 设备的访问。DM642 的存储空间分为片内与片外两部分,且两者采用统一编址的模式。

在本系统中数字视频图像的数据量很大,所以 DSP 内部的存储空间远远无法满足系统需要,而且程序必须存储在掉电不丢失的存储器内,所以系统需要对存储空间进行外部扩展。EMIF 接口不仅有很高的数据吞吐率,而且与目前主流的存储设备如 FLASH、EPROM、SDRAM、SBSRAM、SRAM 等同步、异步存储器均可实现无缝连接。

2. 外部程序存储器的设计

在 DSP 系统设计中,通常并不把程序固化在 DSP 内部,而是将程序先保存在片外存储器内,在系统上电后利用 DSP 的自觉引导功能将片外程序调入片内程序空间后运行程序。

本案例中,选用 AMD 公司的 AM29LV033C 芯片作为 FLASH 芯片,它的读操作与普通存储器读操作一致,而写操作需要一串命令字序列写入 AM29LV033C 的命令寄存器来完成相应的命令。DM642 将 EMIF 的子空间配置为 8 位异步静态存储器接口来接 FLASH,AM29LV033C 作为 boot 存储器,起始地址位 CE1(address:0×90000000)。其容量为 4 M×8 bit,内部存储空间是分页的,划分了 64 个扇形区,每个扇区大小均为 64 Kbit,通过地址线来使能不同的扇区。此款 FLASH 芯片数据存取速度能够达到 70 ns,是一种低功耗芯片,当工作频率分别为 1 MHz、5 MHz 和睡眠模式下,芯片的电流损耗分别为 2 mA、10 mA、200 mA。

AM29LV033C 芯片的数据存储寿命为 20 年,具有很好的稳定性和可靠性。DM642 与 FPGA 的接口设计如图 7-7 所示。

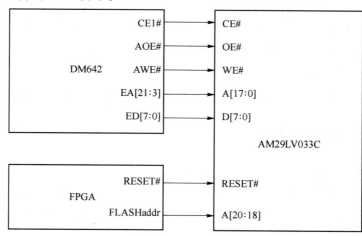

图 7-7　DM642 与 FPGA 的接口设计

3. 外部数据存储器的设计

图像数据处理存储区主要是为了图像处理过程中所产生的大量中间数据而设立的。由于 SDRAM 具有容量大、体积小、速度快和价格低的优势,而且由于采用了同步技术,读写速度从以往的 60～70 ns 提高到了 6～7 ns,因此在需要大容量的图像处理领域采用 SDRAM 是一种非常有效的方法。TMS320DM642 芯片通过 EMIFA 接口可以方便地与 SDRAM 存储芯片无缝连接,用于扩大 DM642 的存储空间。本系统采用 HV57V283220T 型 SDRAM。

HV57V283220T 是一种 4 Bank×1 M×32 bit 大小的 SDRAM 存储芯片,工作电压为 3.3 V。

如图 7-8 所示,采用 2 片并联的方式接到 DM642 上,共 4 M×64 bit SDRAM 空间,使用两片 32 位数据总线的同步动态 RAM,高 32 位存储在一片 RAM 中,低 32 位存储在另一片 RAM 中,满足 TMS320DM642 的 64 位数据总线要求。SDRAM 在 CE0 子空间的具体定位为:0×80000000H～0×81FFFFFFH。其中采集缓冲区为 0×80000000H～0×80100000H,显示缓冲区为 0×80100000H～0×81FFFFFFH。DSP 的 AECLKOUT1 引脚输出的时钟信号作为 SDRAM 芯片的同步时钟信号。DM642 的 ASDCKEN 引脚信号作为 SDRAM 芯片的同步时钟使能信号,DM642 芯片的 ABE[7:0]引脚分别和两片存储芯片 SDRAM 的 DQQM[3:0]引脚相接,这 8 位用作低位字节的读写操作。

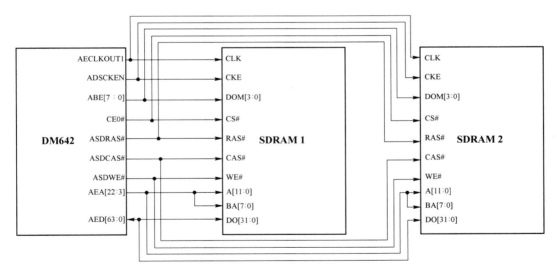

图 7-8　SDRAM 与 DM642 之间连线

7.3.3　图像输出模块与外围电路

本系统中选用 VP0 作为视频输出口,通过视频编码芯片把 BT.656 格式的视频数据转化为 PAL 制式的视频信号,这构成图像输出模块。外围电路主要包括:复位模块、电源模块、JTAG 接口三个模块。

1. 显示模块设计

本系统采用 Philips 公司的视频编码芯片 SAA7121H,视频编码器 SAA7121H 支持 PAL 与 NTSC 格式的视频编码。其输入支持 BT.656 格式的数字视频。3.3 V 工作电压,通过 I2C 接口配置内部寄存器,SAA7121H 的 I2C 总线支持 7 位地址的格式,并只能作为从设备。它支持寄存器的地址自动加一的功能,其数据交换最高速度为 400 kbit/s。TMS320DM642 的 VP 端口支持 BT.656 格式的数字视频流的显示功能,能与 SAA7121H 的数据端口进行无缝连接。在 SEED-VPM642 模板上,四个 VP 端口已经均被 TVP5150 所使用,因此,SAA7121H 只能与其中的一 TVP5150 复用一个 VP 端口了,这里一般选择的是 VP0A 端口。由于其与 U20 的 TVP5150 复用,所以当使用时,要先将 TVP5150 (U20)禁止。TVP5150(U20)、SAA7121H 与 VP0A 的连接原理如图 7-9 所示。

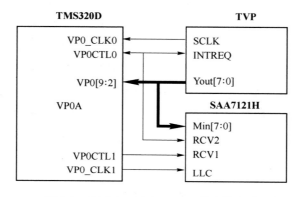

图 7-9　SAA7121H 与 VP0A 的连接电路

2. 复位电路设计

为了获得高效的上电复位、电源电压监测及防死机的 WatchDog 功能,本项目采用 Maxim 公司的高精度、多功能、低成本的系统监控集成芯片 MAX706T。MAX706T 工作电压 3.3 V,具备上电复位信号输出的功能,并且当系统电源电压低于 2.93 V 时也会产生系统复位信号输出。此外 MAX706T 内部还集成了一个 1.5 s 的 Watch Dog 定时器,如果 DSP 正常工作时软件在 1.5 s 内没有改变输出信号 WDI 上电平值,MAX706T 会输出复位信号,这样就有效地防止了系统在死机后不能正常复位重新启动的现象。图 7-10 是系统复位监控电路原理图。

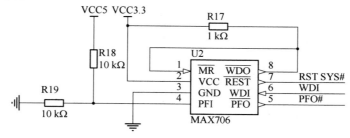

图 7-10　系统复位监控原理图

3. 系统电源设计

DSP 的供电电路设计是 DSP 应用系统设计的一个重要组成部分。目前总的来说有三种电源解决方案,分别是线性稳压器电源(LDO)、开关稳压器电源(包括 DC-DC 调整器和 DC-DC 控制器,两者的差别主要是内部是否集成 FETs)、电源模块。

本案例作为视频采集处理系统需要高精度的供电,以保证系统正常工作,故采用模块化设计将电源部分独立出来。在该项目中,需要三种供电电平:3.3 V 的直流电压,因为所有外设及 DSP 和 FPGA 的 I/O 口均使用 3.3 V 供电;DM642 内核的 1.4 V 直流电压;FPGA 内核的 1.5 V 直流电压。

DM642 需要两种电压,所以要考虑供电系统的配合问题。加电过程中,应当保证内核电源先上电,最晚也应当与 I/O 电源一起加上。关电源时,先关闭内核电源,再关闭 I/O 电源。讲究供电次序的原因在于:如果仅 CPU 内核获得供电,周边 I/O 没有供电,对芯片不会产生损害,只是没有输入/输出能力而已。如果反过来,周边 I/O 得到供电而 CPU 内核没有加电,那么芯片缓冲/驱动部分的晶体管将在一个未知状态下工作,这是非常危险的。

为了给系统提供稳定而精确的电压,电源模块采用三路 TI 的 DC/DC 电源芯片 TPS5431OPWP,一路输出为 3.3 V 作为 DM642 的 I/O 电源及整个系统的数字电源,一路输出为 1.4 V 作为 DM642 的内核电源,一路输出 1.5 V 作为 FPGA 的内核电压。三路的最大输出电流均为 3 A。

以 3.3 V 电压设计为例,如图 7-11 所示,TPS54310 的电压转换频率分为固定和可调两种。但是 SYNC 设置的固定频率误差为 $\pm 20\%$,不符合系统的高精度要求,因而这里将 RT 引脚接电阻,SYNC 悬空,根据芯片的频率转换公式:$f_{sw} = \dfrac{100 \text{ k}\Omega}{R} \times 500 \text{ kHz}$,求的当 R3 = 71.5 kΩ 时,为最大转换频率 700 kHz。选择 R4 和 R5 的值,这两个电阻值决定了输出电压的值,因而必须是 0.1% 精度电阻。R5 的阻值选择为 10 kΩ,依据公式:$V_{out} = 0.891V \times \dfrac{R_4 + R_5}{R_4}$,求出电阻 R4 阻值为 3.74 kΩ。C4、R2、C5 和 C6、R6、R5 共同构成电路补偿回路网络,它们的值可以通过 TI 公司生产的 Swift Designer 软件生成。

4. JTAG 接口设计

DM642 的 JTAG 接口有两个功能,一方面实现在线仿真,另一方面把程序烧录到 FLASH 存储器中。

系统的 JTAG 接口符合 IEEE1149.1 标准,其电路图如图 7-12 所示,图中 JTAG 为 14 针插座,它与仿真器插头连接,其中 JTAG 的 4、8、10、12 引脚接地,5 引脚接 3.3 V 电源。TMS、TDO、TDI 和 TCK 引脚接 1 kΩ 的上拉电阻。

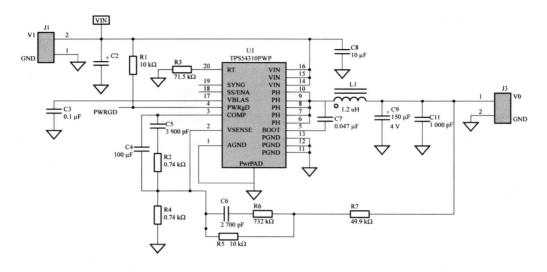

图 7-11 电源电路设计

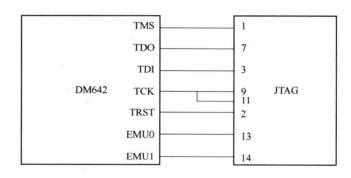

图 7-12 JTAG 接口电路

7.4 系统软件设计

7.4.1 软件设计方案

根据硬件方案,设计系统的软件框架及程序流程,软件框架分为三个层次:

(1) 顶层管理程序,利用 C6000 芯片支持库设置 DM642 内部寄存器;

(2) 设备驱动程序,包括对 decoder、encoder、FPGA 的初始化;

(3) 算法应用程序。

可以分为主程序、采集、显示、地址映射四部分,主程序主要是对各个接口与模块的初始化,系统总体流程为图 7-13 所示。

对 DSP 片上资源的使用,一般通过调用 CSL API 库函数来完成的,CSL 模块是顶层

API 模块，使用 CSL API 前必须调用此函数。下面是主程序用到的一些 CSL API 和函数。

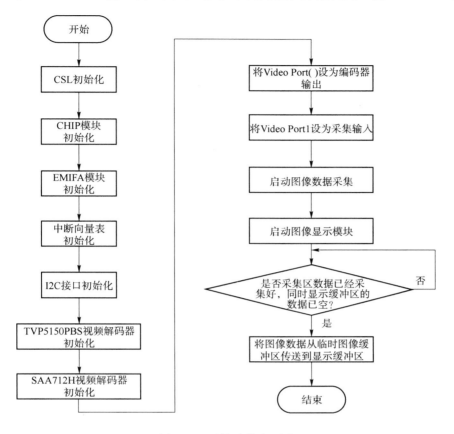

图 7-13　系统总体流程图

CSL_init()：芯片运行支持库 CSL 初始化，使用 CSL API 前必须调用此函数。

CHIP_config()：调用 CSL 库中 CHIP 模块，向配置地址中写设备配置值。CHIP 模块是驻留着指定芯片和芯片相关代码，如器件的大小端、CPU 和 REV ID 等。

EMIFA_Config()：调用 CSL 库中 EMIFA 模块。外设 EMIFA 的配置结构，初始化外设 EMIFA 的寄存器来初始化 EMIFA。

IRQ_setVecs()、IRQ_nmiEnable()、IRQ_globalEnable()、IRQ_map()、IRQ_map()、IRQ_reset()、IRQ_reset()：调用 CSL 库中 IRQ 模块，初始化中断向量表。

I2C_Config()：调用 CSL 库中 I2C 模块，动态配置外设 I2C，初始化外设 I2C 的寄存器。

I2C_open()：调用 CSL 库中 I2C 模块，打开一个 I2C 设备。

DAT_open()：调用 CSL 库中 DAT 模块，打开一个 DMA 或 EDMA 通道。

DAT_copy()：调用 CSL 库中 DAT 模块，使用 DMA 或 EDMA 将数据从存储器一个地方移到另一个地方。

SEEDDM642_rset()：读 CPLD 寄存器值（函数体在 seeddm642_cpld.c 中）

GPIO_RSET()：初始化 GPIO 的输出值（csl_stdinchal.h 和 csl_chiphal.h 中预定义）

_IIC_read()：从 I2C 总线中读（函数体在 iic.c 中）。

_IIC_write()：向 I2C 总线中写（函数体在 iic.c 中）。

以下函数是对采集与回放模块的调用。

bt656_8bit_ncfc()：配置给定视频端口通道 A 不连续帧捕捉 8 位 BT.656 视频采集，打开一个视频端口 VP，输入 VP 端口号，输出 VP 句柄（函数体在 vportcap.c 中）。

bt656_capture_start()：配置给定视频端口通道 A 不连续帧捕捉 8 位 BT.656 视频采集，输入 VP 句柄，进行视频采集（函数体在 vportcap.c 中）。

bt656_display_start()：配置给定视频端口不连续帧捕捉 8 位 BT.656 视频显示，输入 VP 句柄，进行视频显示（函数体在 vportdis.c 中）。

采集和显示流程基本相似，以采集为例介绍，图 7-14 为采集模块的程序流程图。

主要函数 bt656_8bit_ncfc() 的函数功能：使用 8 位 BT.656 配置给定的视频端口，使用 A 通道捕获连续 Frame。

（1）打开一个视频端口；

（2）使能视频端口；

（3）使能 VGA 的中断源；

（4）使能缺场探测；

（5）设置第一场的最后一个像素的 Y 轴与 X 轴的坐标；

（6）设置第二场的最后一个像素的 Y 轴与 X 轴的坐标；

（7）设置第一场的第一个像素的 Y 轴与 X 轴的坐标；

（8）设置第二场的第一个像素的 Y 轴与 X 轴的坐标；

（9）设置 EDMA 启动的门限；

（10）设置一场的需要的 EDMA 的次数；

（11）采用 BT656 格式的数据流；

（12）设置为电视显示格式的采集，即不连续的采集；

（13）VCOUNT 复位在场消隐之后；

（14）行计数复位在 EAV 之后；

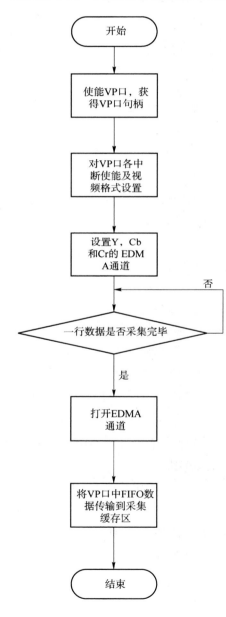

图 7-14　采集模块的程序流程图

（15）初始化 EDMA 通路；

（16）使能视频端口中断；

（17）设置 Y、Cb 和 Cr 的 EDMA 通道；

（18）在 VP_CTL 控制寄存器中清除 VPHLT；

（19）使能 VCA 口；

（20）返回句柄。

显示所用函数 bt656_8bit_ncfd 函数说明：

（1）打开一个视频口；

（2）使能视频口（通过 VP 外设控制寄存器使能视频口），将此口设置为显示模式；

（3）使能所有中断源；包括：显示完成中断、显示进行中断、视频口全局中断；

（4）设置显示帧的大小。第一场第一个像素的 x, y 值，最后一个像素的 x, y 值，第二场第一个像素的 x, y 值，最后一个像素的 x, y 值；

（5）设置信号 VBLNK 的时序：设置水平消隐的起始位置与停止位置 720～856；

（6）设置第一场的垂直消隐的位置；

（7）设置第二场的垂直消隐的位置；

（8）设置第一场的消隐的行数；

（9）设置第二场的消隐的行数；

（10）设置第一场设置图像的大小；

（11）设置第二场设置图像的大小；

（12）设置第一场的起始点；

（13）设置第二场的起始点；

（14）设置水平同步信号输出的控制；

（15）设置垂直同步信号输出的控制；

（16）设置中断事件：设置事件寄存器，设置 DMA 时间的门限值；

（17）设置显示控制寄存器：为 8 位的 BT.656 设置显示模式；

（18）设置非连续 Frame 显示；

（19）设置 Y、Cb 和 Cr 的 EDMA 通道；

（20）使能中断请求；

（21）在 VP_CTL 控制寄存器中清除 VPHLT 得到视频口功能；

（22）返回设置好的视频口显示句柄。

连接命令文件 seeddm642video.cmd 代码；连接命令文件按照用户的要求，将数据存放到适当的存储器位置。文件使用 MEMORY 和 SECTIONS 伪指令进行操作。编写 cmd 文件时，需要参考 TMS320DM642 存储器映射概述。

7.4.2 硬件连接与仿真结果

本案例可在 DSP6000 的试验箱上完成,即 SEED-DTK VPM642 多媒体图像处理实验箱。

在 ccs 中编译程序,编译无误后,下载到试验箱上,运行程序,采集的图像即可显示。

运行 ccs 执行菜单栏的 view/graph/image,如图 7-15 所示,设置起始地址与一帧数据的行数、一行的像素数,可显示采集图像,由于是隔行扫描,一帧数据分为奇、偶场,且分别存储,所以得到的采样图分别显示两场。

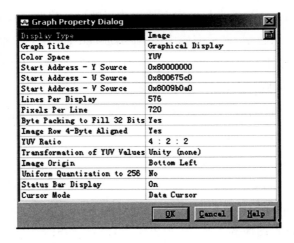

图 7-15 ccs 图像显示设置

案例八 基于 STM32 的单轴正交编码计数器

8.1 引 言

数据采集是指传感器或其他需要检测的设备,在模拟和数字被测单元中,智能化采集非电量信号或电量信号,然后传送到上位机进行分析、处理和运用。随着科技的快速发展,数据采集及其应用技术引起了科学技术人员持续的关注,从而广泛应用于很多行业。

随着工业化大发展,各种类型的器械相继出现,人们对器械的控制偏向数字化、信息化、智能化。这些趋势的发展使得正交编码模块被广泛应用,而正交编码模块的控制、计数显得尤为重要。在当前科学技术的不断创新与发展中,航空、航天、机器人、生物工程等领域都取得了长足的进步,正交编码器也朝着高精度、高分辨率、微型化的方向蓬勃发展。与此同时,对编码器的检测和数据采集能力提出了更严格的要求。目前,国内编码器的数据采集系统正在发展当中,而且大多数数据采集方法和检测精度有局限性,机械装置较为复杂,装调困难,难以满足工业现场工作环境的要求。而国外的检测装置虽然有较高的检测精度,但价格昂贵,不适宜大规模引进国内,且操作程序烦琐、对工作环境要求高,仅适合在实验室使用。

本案例旨在构造以单片机为硬件核心的正交编码器数据采集平台,以实现对数据的采集、输出与数据通信,降低客户的使用成本,从而促进正交编码器数据采集系统的应用与推广。

8.2 正交编码器的原理

8.2.1 编码器及其应用

一种通过光电技术将机械转动物理量信号转化为能够进行通信传输和处理的数字化信号设备就是一个编码器。编码器的码盘、码尺分别将机械转动的角位移和线位移转化为电信号的形式。编码器按照是否接触分为两种:一种是接触式编码器,其电刷连接编码器,电刷接触绝缘区用代码'0'表示,电刷接触导电区用代码'1'表示;另一种是非接触式编码器,它所利用的敏感元件分为光敏元件和磁敏元件,光敏元件的透光区和不透光区分别用'1'和'0'的代码表达,磁敏元器件的正反两极以状态'1'和'0'区分。从最终的数据处理结果来说,接触式编码器和非接触式编码器两者并没有明显的区别,都是物理信号向能够被系统识别的二进制代码转换,再对所采集到的数据进行处理传输。

光电式旋转编码器主要用来测量转子的运动,通过模拟光电传感器将转子转动的速度、角速度转换成数字脉冲信号,依据信号脉冲的输出方式,可以将光电式旋转编码器分为两种,一种是单路脉冲输出,单路脉冲输出顾名思义就是编码器只输出一路正弦波;另一种双路脉冲输出是指旋转编码器输出两组相位差为 90°的 A/B 正交脉冲,根据两路脉冲的相位信息和脉冲计数情况,能够判定转子的转动方向和转动速度。

线性编码器是结合磁栅编码阵列和霍尔编码阵列协同调整工作的,这种编码器的霍尔编码阵列被称为"阅读器",而它的磁栅编码阵列被称为"感应标尺"。从线性编码器的名字容易知道,它的基本元器件是线性霍尔元器件,线性霍尔元器件平行于光栅轴间隙,感应出类似于正弦波位移量的信息,而且能将信息有效地传输以便系统处理。线性系列产品对外界温度、湿度、杂散磁场、电磁等因素有较高要求,所以工作在线性状态的霍尔元器件对外界较为敏感。

光电编码器通常是由光源、码盘、光栅、光敏电阻元件以及信号放大整形电路构成的。按照刻度方法和信号输出形式主要是增量式和绝对式,增量式光电编码器又称为正交编码器。

8.2.2 正交编码器结构原理

正交编码器的转轴运动一圈发出数个脉冲信号,测定位置就需要这些脉冲信号。在码盘的一侧发射出一束 LED 平行光,按照光的透射性,光照射到码盘上透明和不透明相间的区段,平行光在透明区域会穿过码盘,而不透明区域则无法穿过。码盘的另一侧有一个光敏元件,当其接收到透明缝隙中穿出的光线时,会将其调制为两列相位相差 90°的正交信号,然后经过整形放大电路后输出一个电信号,如图 8-1 所示。

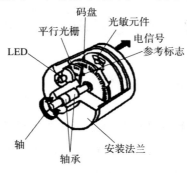

图 8-1 正交编码器结构图

8.2.3　正交编码器数据采集系统原理

正交编码器有三个输出,分别为:A 相、B 相和 Z 索引(INDEX),对这三个输出信号进行破解代码,能够得出有关旋转轴的运动信息,主要包括转轴旋转数和正反方向。

A 相(QEA)和 B 相(QEB)这两个通道之间的联系是唯一的。假如 A 相超前 B 相,那么电动机的旋转方向被指定为正向的。如若 A 相落后于 B 相,那么电动机的旋转方向则被指定为反向的。除了以上两个通道,还有一个索引脉冲通道,转轴运动一周就有一个脉冲,索引脉冲用以确定绝对位置。这三个信号的相关时序图,如图 8-2 所示。

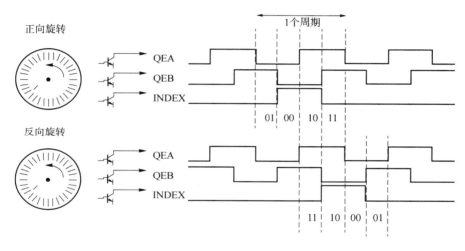

图 8-2　正交编码器接口信号相关时序图

编码器能够产生四种状态的正交信号,这四种状态彼此不一样(01,00,10,11)。这四种状态在图 8-2 中用一个计数周期表示,如果编码器旋转的方向改变时,这四种状态的顺序将会变化,与之前刚好相反(11,10,00,01)。

正交解码器能够捕获相位输出信号及索引脉冲信号,同时把得到的信息换算成位置脉冲的数字统计值。一般而言,当传动轴旋转向某一个方向时,此计数值将会递增计数;而当传动轴旋转向相反的方向时,则计数值递减。

正交编码器接口(QEI)模块提供了与 STM32 单片机连接的接口。从计数器的几个输入通道,得出一个数值,用以表示检测到的边沿(即波形里从低到高或从高到低的变化)数目,根据边沿是上升还是下降选择线的状态进行加计数或减计数。如何将计数值转换成位置信息,即是把边沿数值转换成位置信息的过程,取决于编码器所采用的编码类型,编码类型主要有三种:X1、X2 和 X4。

X1 编码模式下,A 相超前 B 相时,加计数发生在 A 通道的上升沿,A 相落后 B 相时,减计数发生在 A 通道的下降沿,如图 8-3 所示。

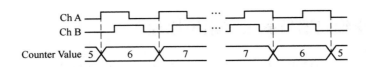

图 8-3　X1 编码模式

X2 编码模式,与 X1 编码模式类似,对计数器 A 通道的每个边沿的计数是增加还是减少,取决于两者的前后。每个周期计数器的数值都会增加 2 个或减少 2 个,如图 8-4 所示。

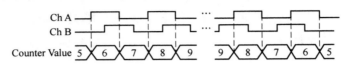

图 8-4　X2 编码模式

X4 编码模式,与 X2 编码模式类似,计数器数值在 A 和 B 通道的每个边沿发生增加或减少,增减的变化取决于两者的前后,计数器的数值每个周期会增加 4 个或者减少 4 个,如图 8-5 所示。

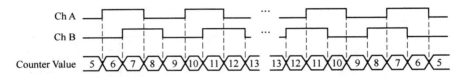

图 8-5　X4 编码模式

在设置了编码类型及其脉冲计数类型后,就能够使用下列公式把数值信息转换成位置信息。

(1)对于转动位置:

$$旋转量(°)=\frac{Edge-Count}{xN} \cdot 360°$$

式中,N=转轴每旋转一周的过程中,编码器所产生的脉冲数目;x=编码类型。

(2)对于线性位置:

$$位移量(英寸)=\frac{Edge-Count}{xN} \cdot \left(\frac{1}{PPI}\right)$$

式中,PPI=脉冲/英寸(这个参数与所选的编码器有关)。

8.3　基于 STM32 的单轴正交编码计数器系统设计

8.3.1　系统整体设计

设计编码器的数据采集系统可以采用高性能的 FPGA,通过专门的硬件语言实现对编码器信号进行高速的采集,但是硬件系统的设计比较复杂,需要较长的设计时间,而且制作成本比较高。由于新型微控制器的层出不穷,新型 MCU 的功能越来越丰富,例如意法半导体公司的某些型号 STM32 单片机内部的计数器模块集成编码器自动计数功能,采用 STM32 单片机做为主控制器,利用串口通信将计数结果上传至上位机,可同时实现经济型和实用型的编码器数据采集系统。本案例利用 STM32 单片机内部的计数器模块,结合外围点位,构成编码器,整体设计框图如图 8-6 所示。

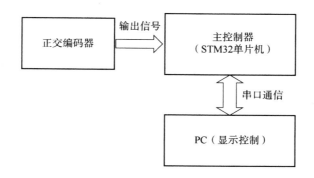

图 8-6　整体设计框图

8.3.2　硬件部分设计

本案例中系统硬件设计部分主要包括:对微控制器的选型,系统核心电路设计,编码器与微控制器之间的接口电路设计,系统电源部分电路的设计,通信部分电路的设计。

1. 系统核心电路设计

系统核心电路采用 STM32F103VCT6 单片机,为了确保单片机可以正常工作,需要设计时钟电路,复位电路。时钟电路采用 8 MHz 的晶振和两个 22 pF 的外部匹配电容连接至单片机的晶振专用引脚,程序设计时可采用单片机内部的 PLL 将时钟倍频至 72 MHz。主控电路图如图 8-7 所示。

复位电路采用简单的电阻串联电容的阻容复位电路。

2. 电源转换电路

由于 STM32 单片机是 3.3 V 供电的,所以需要将外部输入的 5 V 电压转换为 3.3 V,采用 DCDC 芯片 LM1117-3.3 V 进行转换,LM1117-3.3V 是一款具有低压差的稳压芯片,输出电流最大 500 mA,芯片内部自带反馈电阻,外部电路简单,只需几个电容相连即可。电源输入端增加一个二极管,防止输入电源接反。电源转换设计图如图 8-8 所示。

3. 编码器与微控制器接口电路设计

增量式编码器种类丰富,比如单脉冲式的,正交脉冲式的,按信号输出类型又分为单端信号输出的和差分信号输出的,为了能够采集多种类型的编码器,系统设计增加一级编码器与微控制的接口电路。

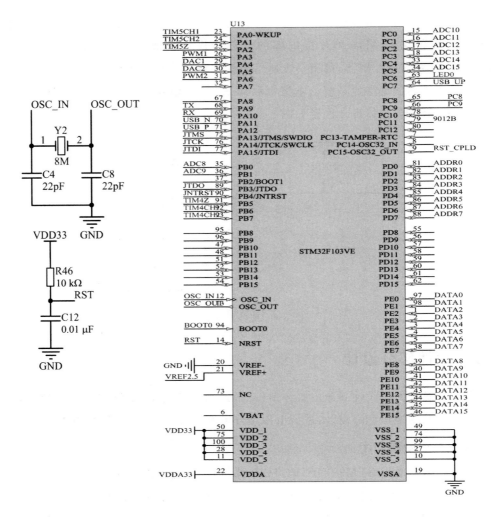

图 8-7　主控电路图

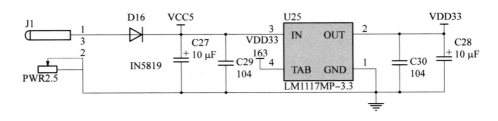

图 8-8　电源转换电路设计图

采用 DS26C32 差分转单端芯片作为编码器与 STM32 单片机之间的桥梁,该芯片输入信号内部自带上拉下拉电阻,可以将编码器输出的差分信号转化为单端信号,如果是单端信号的话直接连接至 DS26C32 信号输入＋端,信号输出端可直接连接至单片机计数器模块的外部信号输入端。编码器转换电路图如图 8-9 所示。

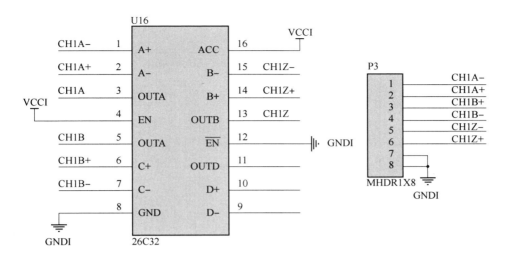

图 8-9　编码器转换电路图

4. 通信电路设计

PC 与外部通信通常采用 USB 串口网络等通信方式,USB 和网络通信协议复杂,设计成本比较高,STM32 单片机集成多路串口,串口通信协议比较简单灵活,上位机编程调试工具丰富,所以利用串口与 PC 通信,并且 PC 可以利用串口设定外部编码器信号的类型,实现正确的计数。上位机可以将单片机通过串口传输的计数值显示出来,并且可以根据编码器的分辨率和编码器的初始位置计算出编码器转轴的当前位置。

考虑到计算机的串口是标准的 RS-232 电平,而单片机的串口是 TTL 电平,不可以直接相连,需要设计电平转换电阻,电平转换电路采用 SP3232 芯片,采用单个 3.3 V 供电,该芯片的主要性能:①电荷泵电路,由 1、2、3、4、5、6 脚和 4 个电容构成,该部分电路需具有正 12 V 和负 12 V 两个电源,可以满足 RS-232 串口电平的需要;②数据转换通道,由 7、8、9、10、11、12、13、14 脚这八个引脚构成两个数据通道,13 脚(R1IN)、12 脚(R1OUT)、11 脚(T1IN)、14 脚(T1OUT)为第一数据通道,8 脚(R2IN)、9 脚(R2OUT)、10 脚(T2IN)、7 脚(T2OUT)为第二数据通道;TTL/CMOS 数据可以从 T1IN、T2IN 输入转换成 RS-232 数据从 T1OUT、T2OUT 送到计算机 DB9 插头;DB9 插头的 RS-232 数据可以从 R1IN、R2IN 输入转换成 TTL/CMOS 数据后从 R1OUT、R2OUT 输出。

8.3.3　软件部分设计

设计主要是两部分,对正交编码器进行数据采集和串口通信选择计数模式。数据采集是通过选择 STM32 的编码器接口,对正交编码器进行脉冲计数;串口通信是在遵守双方通信协议的情况下,上位机发送相应计数模式代码,完成要求的通信和控制。

1. 数据采集模块

数据采集模块中选择编码器接口模式的方法是:两个输入 TI1 和 TI2 被用来作为正交

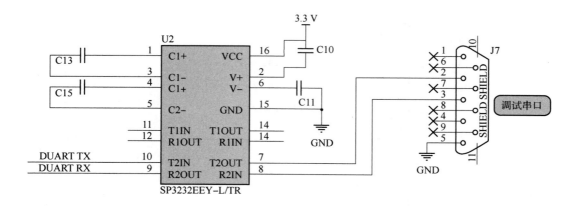

图 8-10 串行通信电路图

编码器的接口。先设定 TIMx_CR1 寄存器中的 CEN＝'1'，此时计数器开始工作，TI1FP1 与 TI2FP2 作为 TI1 与 TI2 经过输入滤波器与极性把控后的信号，每次 TI1FP1 或 TI2FP2 上的有效跳变将改变计数器的值；假若去除滤波和变相，则 TI1FP1＝TI1，TI2FP2＝TI2，由两个输入信号先后的跳变顺序，能够得出计数脉冲和方向信号。当两个输入信号变化时，计数器实现加计数或减计数，这个过程中硬件对时钟寄存器的 DIR 位实施对应的设置。不论计数器是根据 TI1 计数、TI2 计数抑或同时根据 TI1 TI2 计数，只要输入端的信号(TI1 或 TI2)发生跳变，DIR 位的值都会被重新计算。

所谓的编码器接口模式差不多就是一个具有方向可选的外部时钟，也就是说不同方向下，计数器只实现从零到时钟寄存器自动装载值范围内的不间断计数(要么正向计数，要么是反向计数)，因而要想计数，就要先对时钟寄存器进行配置。在接口模式下，计数器的变化一直与编码器的位置对应，因为计数器根据正交编码器的速度与方向进行不断地变化，显示的方向也与测试的编码器旋转方向一致。表 8-1 罗列了全部的组合，假定 TI1 和 TI2 不一起跳变。

表 8-1 计数方向与输入信号的联系

有效边沿	相对信号的电平 （TI1FP1 对应 TI2， TI2FP2 对应 TI1）	TI1FP1 信号		TI2FP2 信号	
		上升	下降	上升	下降
仅在 TI1 计数	高	向下计数	向上计数	不计数	不计数
	低	向上计数	向下计数	不计数	不计数
仅在 TI2 计数	高	不计数	不计数	向上计数	向下计数
	低	不计数	不计数	高下计数	向上计数
在 TI1 和 TI2 上计数	高	向下计数	向上计数	向上计数	向下计数
	低	向上计数	向下计数	向下计数	向上计数

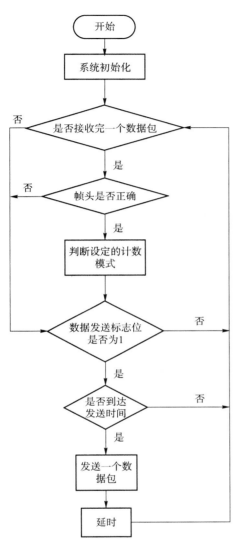

图 8-11 主循环流程图

正交编码器能够不用外部逻辑接口直接与微控制器相连,但为了能有一个更好的设计效果,大部分设计会利用一个比较器将编码器的差动输出换算为数字信号,这样设计的好处就是提高整体的抗噪声能力。第三个输出信号是机械归零位,与一个外部中断连接,以此引起计数器的复位。主程序流程如图 8-11 所示。

2. 串口通信

要实现串口通信,首先要了解一个概念,即通信协议。通信协议是指两个系统在进行通信或服务过程中所必须遵循的规则和协议。协议规定了传送数据的格式,信息单元应有的信息与含义、连接方式、信息发送和接收的时序等,以此保证通信的内容无差错地发送到指定的空间。

在计算机通信中,通信协议用于实现计算机与网络连接之间的标准,网络若是没有相同的通信协议,两者的信息交流就没办法进行。通信协议通俗地讲就是两个系统之间相互交流信息的共同语言,为了保障两台计算机能够进行有效的交流信息,就必须有一个通信协议。

本案例的通信协议:STM32 单片机与计算机采用串口通信,单片机通过串口与计算机连接之后,STM32实时将计数器的计数值上传至计算机,计算机将接收到的数值显示出来,根据编码器的周分辨率和初始位置,可以计算出编码器所转过的角度和当前停留的位置。STM32 与上位机的通信协议如表 8-2 所示。

表 8-2 STM32 与上位机通信协议

数据	个数							
	1	2	3	4	5	6	7	8
	0xAA	0xAA	CNT 低 8 位	CNT 高 8 位	0x00	0x00	0x00	0x00

计数值:CNT 为 16 位数据,采用低 8 位在前,高 8 位在后的存储方式,通过上位机设置,控制下位机实现不计数、单脉冲计数和双脉冲计数三种计数模式。上位机与 STM32 的串口通信协议如表 8-3 所示。

表 8-3　上位机与 STM32 的串口通信协议

数据	个数							
	1	2	3	4	5	6	7	8
	0x55	0x55	计数方式	0x00	0x00	0x00	0x00	0x00

计数方式:0x01 不计数;0x02 单脉冲;0x03 双脉冲计数。

源代码见附录,串口接收数据的流程如图 8-12 所示。

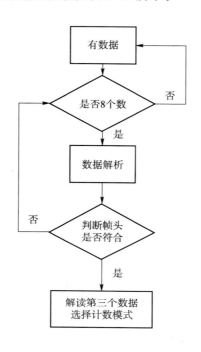

图 8-12　串口接收数据的流程图

8.4　基于 STM32 的单轴正交编码计数器系统实现

设计使用的是 400 线的正交编码器,通过串口通信连接计算机,在串口调试助手上,设定串口通信连接的端口、波特率,其中波特率与 STM32 单片机的波特率一致,一般是 9 600 bit/s,通过设置不同的模式,可以实现对正交编码器不计数、单脉冲计数以及双脉冲计数,在发送区,01/02/03 分别对应三种设定模式,结果如图 8-13～图 8-19 所示。

图 8-13～图 8-17 是借助调试助手显示出来的,只能看出一个调试的结果,所以还需要一个换算显示过程才能清晰直观地看出设计需要的结果,从图 8-14 和图 8-15 的最终成果图可看出正交编码器在单脉冲模式下的计数值和编码器转动位置。

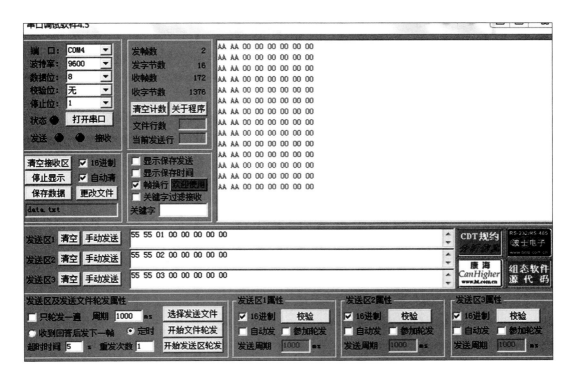

图 8-13　不计数状态图

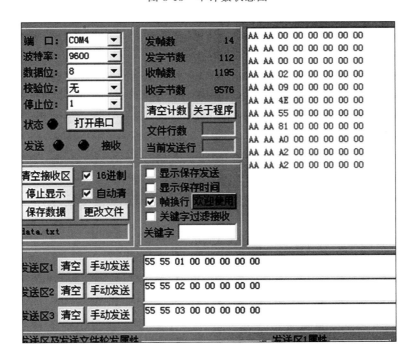

图 8-14　单脉冲正转计数状态图

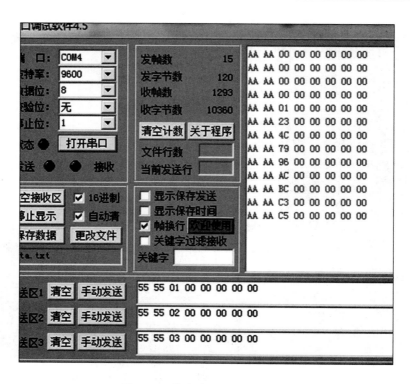

图 8-15 单脉冲反转计数状态图

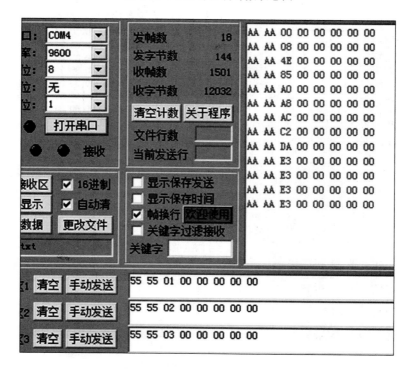

图 8-16 双脉冲正转计数状态图

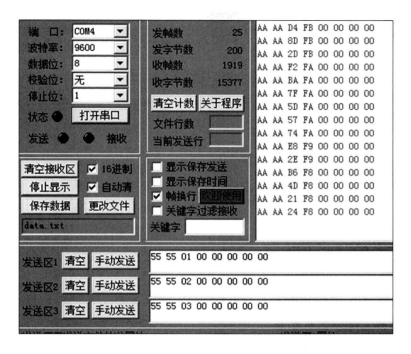

图 8-17 双脉冲反转计数状态图

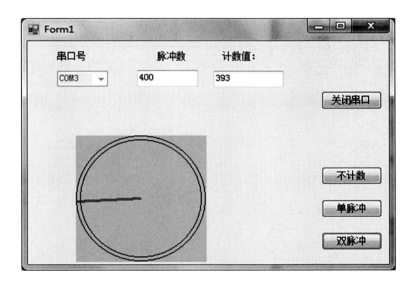

图 8-18 双脉冲模式下正转结果图

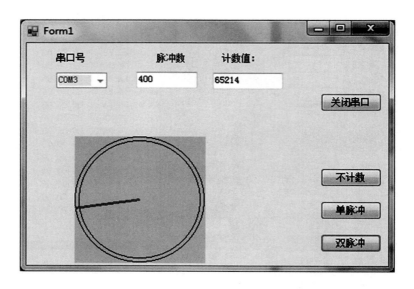

图 8-19 双脉冲模式下反转结果图

上位机界面以 C♯ 为开发语言,借助于计算机的应用程序实现本案例需要的一些设置,从而使案例设计结果更为清晰直观。借助上位机软件,设置参数,选定计数模式,转动正交编码器的轴,可以很明了地看到,在不同模式下 STM32 单片机对正交编码器转动速度和位置信息的数据采集。